뷰티일러스트레이션
이론과 실제

이화순

장미숙

한수연

권현정

경춘사

국립중앙도서관 출판예정도서목록(CIP)

뷰티일러스트레이션 이론과 실제 / 이화순, 장미숙, 한수연, 권현정 [지음]. — [서울] : 경춘사, 2018
p. ; cm

권말부록 수록
ISBN 978-89-5895-166-7 93590 : ₩18000

미용[美容]
일러스트레이션[illustration]

593.2024-KDC6
646.72022-DDC23 CIP2018004013

뷰티일러스트레이션 이론과 실제

지은이 이화순 · 장미숙 · 한수연 · 권현정
발행인 안중기
발행처 도서출판 경춘사
등록번호 제10-153(1987. 11. 28)

인쇄 2018년 2월 10일
발행 2018년 2월 20일

서울시 마포구 마포대로 14길 31-9
경춘빌딩 101호

전화 (02)716-2502, 714-5246
팩스 (02)704-0688
www.kcpub.co.kr

값 **18,000**원

ISBN 978-89-5895-166-7 93590

PREFACE
머리말

일러스트레이션Illustration은 아티스트가 의도하는 어떤 의미나 내용을 제3자에게 전달하기 위하여 사용되는 그림 또는 삽화, 사진, 도안을 비롯한 회화적 표현 전반을 말하는 것으로, 오늘날 뷰티 분야에 종사하는 아티스트들에게도 일러스트레이션에 대한 지식과 테크닉이 요구되고 있다.

일러스트레이션은 작품을 만들기 위한 준비과정으로서 '계획'의 의미가 있으나 오늘날 하나의 독립된 예술작품으로 인정받고 있으며, 컴퓨터 그래픽 프로그램을 이용하여 이전에 사용하던 연필, 색연필, 수채화 물감 등 재료의 한계를 벗어나 더욱 다양한 표현이 가능해졌으므로 기존의 교재들과 차별화하여 일러스트레이션 디지털기법을 추가하고 부록으로 아트메이크업과 환타지 메이크업 예시작품들을 추가하였다.

제1장 일러스트레이션 개념에서는 일러스트레이션과 뷰티 일러스트레이션의 정의를 살펴보고, 제2장 일러스트레이션 베이직에서는 얼굴의 형태와 비례, 골격과 근육에 대한 전반적인 내용을 다루었다.

제3장 일러스트레이션 드로잉에서는 첫째, 드로잉 기초과정으로 선 연습과 음영 연습을 다루었고 둘째, 얼굴 드로잉 과정으로 눈, 코, 입의 부분 드로잉과 이상적인 비례, 얼굴의 방향에 따른 전체 드로잉 방법을 살펴보았다. 셋째, 헤어 드로잉에서는 스트레이트 헤어와 웨이브 헤어의 부분 드로잉과, 스트레이트, 웨이브, 업스타일, 숏 컷 헤어의 전체 드로잉 방법을 알아보았다.

제4장 일러스트레이션 컬러링에서는 연필, 색연필, 파스텔, 수채화 물감, 아크릴 물감 각각의 재료의 특징과 표현기법을 살펴보고 예시 작품들을 제시하였다.

제5장 일러스트레이션 아트기법에서는 예술사조의 표현기법인 신인상주의의 점묘법, 미래주의의 콜라주, 초현실주의의 데빼이즈망을 이용한 예시 작품들을 제시하였다.

제6장 일러스트레이션 디지털기법에서는 Adobe Illustrator CC 프로그램을 적용하여 얼굴이나 인체, 손 등을 드로잉하는데 필요한 필수 기능들을 중심으로 설명하고 페이스 차트, 네일 차트를 이용하여 메이크업 디자인과 네일 디자인을 하는 방법을 다루었다.

본 교재는 그림이나 컴퓨터 프로그램에 익숙하지 않은 초보자라도 접근할 수 있도록 쉽게 설명하는데 중점을 두었다. 이를 통해 뷰티 일러스트레이션에 대한 기본적인 감각을 익히고 미용기술과 예술을 융합시켜 더욱 완성도 높은 미용예술을 창조하는데 일조하길 바라며, 이 책이 출간되기 까지 지원을 아끼지 않으신 경춘사 여러분께 깊은 감사의 말씀을 전한다.

2017년 12월

저자일동

Contents

01

일러스트레이션 **개념**

01 일러스트레이션

일러스트레이션Illustration은 제3자에게 어떤 의미나 내용을 전달하기 위하여 사용되는 그림 또는 삽화, 사진, 도안을 비롯한 회화적 표현 전반을 말하는 것으로, 동사형인 일러스트레이트illustrate의 어원인 'to make light'은 '그림을 그리다', '빛나게 하다', '광채를 주다'라는 의미를 가진다. 즉, 보이지 않는 세상에 빛을 비추어 육안으로 볼 수 없는 세계인 감정이나 사상을 시각화하여 명쾌하게 해명한다는 것이다.

일러스트레이션의 역사를 살펴보면, 최초의 일러스트레이션은 원시시대의 동굴벽화로 인식되나, 제대로 된 형식을 갖춘 최초의 일러스트레이션은 기원전 1285년경 고대 이집트의 고분에서 나온 '사자의 서'Book of the Death로 거슬러 올라간다. 상형문자와 함께 그려진 그림 또는 텍스트를 보완하기 위해 삽입된 일러스트레이션이라고 할 수 있다. 특히 '일러스트레이션의 황금기'The Golden Age of Illustration를 아르누보 양식의 영향을 받아 일러스트레이션을 생산하기 시작한 시기, 즉 1880년대부터 1920년대까지로 보는데 이는 책과 잡지에서 이전에 볼 수 없었던 뛰어난 작품들이 쏟아져 나왔기 때문이다.

(그림 1-1) 오브리 비어즐리
〈The Peacock Skirt〉, 1893

(그림 1-2) 찰스 다나 깁슨
〈The Last Word in Compliments〉, 1890s

오늘날 산업의 발달과 함께 글을 보조하던 삽화의 수준에서 한층 그 중요성이 강조되어 일러스트레이션 자체의 정보 전달력이 강조되고 있다. 이를 위해 일러스트레이션이 갖추어야 할 조건은 첫째, 일러스트의 내용은 이해하기 쉬운 반면, 개성적이며 상상력 이 풍부해야 한다. 둘째, 시각적 소구력이 강한 이미지를 표출해야 한다. 셋째, 숙련된 테크닉을 이용함으로써 일러스트레이션의 완성도가 높아야 한다.

일러스트레이션의 대상은 인물, 사물, 이미지 등 구상과 추상으로 표현될 수 있으며, 특히 인물 일러스트레이션의 경우 시대, 종교, 민족, 신분계급 등 다양한 속성을 반영하여 표현하여야 한다.

인물 일러스트레이션의 3가지 구성요소는 다음과 같다. 첫째는 사람으로, 일러스트에서 사람은 사실적으로 또는 과장과 변형의 형태로 표현된다. 이때 인물의 전체적인 이미지를 구성하는 헤어, 메이크업, 의상, 액세서리 등은 인물을 표현하는 중요한 단서가 된다. 둘째는 환경으로, 일러스트레이션 배경은 인물의 성격을 직·간접적으로 상징하는 외부조건이 된다. 환경은 자연 환경 또는 사회 환경으로, 기후조건에 따른 분위기, 식물과 동물, 문명의 주체를 상징하는 건축물 등이 주조를 이룬다. 셋째는 사건으로, 인류 문명의 발전이 여러 주요 사건들로 이루어지고 성숙, 발전되어 왔듯이 다양한 사건들을 통해 인물의 중요도를 표현할 수 있다.

일러스트레이션의 분류는 크게 내용상의 분류와 형식상의 분류로 나누어진다. 내용상으로는 목적에 따라 출판 일러스트레이션과 광고 일러스트레이션으로 나뉘는데, 출판 일러스트레이션은 책의 표지나 본문에 들어가는 그림이나, 동화책, 잡지, 신문에 글과 함께 들어가는 그림을 의미하는 것이고, 광고 일러스트레이션은 상품 또는 서비스를 팔기 위해 그린 그림을 의미한다.

형식상으로는 책표지 일러스트레이션, 동화책 일러스트레이션, 만화 일러스트레이션, 캐리커처, 패션 일러스트레이션, 뷰티 일러스트레이션, 스토리 보드 일러스트레이션, 3D 일러스트레이션 등으로 나뉜다.

02 뷰티 일러스트레이션

뷰티 일러스트레이션Beauty Illustration은 헤어, 피부, 메이크업을 포함하는 미용관련 정보를 전달하고, 이미지를 표현하는 도안, 그림, 사진 일체를 의미하는 것으로, 출판, 광고, 작품제작을 위한 과정으로서 뷰티 일러스트레이션이 사용된다.

패션 일러스트레이션과 비교해보면, 패션 일러스트레이션이 의상에 집중하여 헤어, 피부, 메이크업의 생략이 가능하다면, 뷰티 일러스트레이션은 미용에 집중하여 의상에 대한 생략이 가능하다고 할 수 있다. 또한 패션 일러스트레이션에서 인체 비례가 중시되는 반면, 뷰티 일러스트레이션에서는 얼굴 비례가 중시된다.

뷰티 일러스트레이션의 용도는 그 자체가 작품으로 사용되거나, 헤어나 메이크업을 하기 전 구상했던 이미지를 미리 한번 그려보는 사전 작업으로 사용될 수 있으며 이는 실제 시술 작업에서 자신감과 작업의 숙련도를 높일 수 있는 이점이 있다. 왜냐하면 인체는 많은 굴곡을 지니고 있는 특이한 캔버스이기 때문에 결과를 예측하고 시술하지 않으면 실수할 가능성이 많기 때문이다.

그러나 새로운 시도를 하기 위하여 비례는 무시될 수도 있다. 오늘날 뷰티 일러스트레이션은 그 자체로서 예술작품으로 인식되고 있으며 그림의 전통적인 재료인 색연필, 물감 등의 테두리를 벗어나 다양한 색상과 재료들을 사용하여 일러스트레이터의 무한한 상상력을 표현하고 있다.

헤어나 메이크업 일러스트레이션은 유행하는 트랜드나 다른 예술분야와의 접목을 통해 핸드 드로잉을 해보거나 다양한 재료를 활용함으로써 다채로운 표현기법이 발전될 수 있으며, 예술적 감성이 뛰어난 이미지를 창출해냄으로써 보는 사람의 공감대를 이끌어 낼 수 있는 좋은 실용 일러스트레이션이라고 할 수 있다.

02

일러스트레이션 **베이직**

01 얼굴의 형태

사람의 얼굴은 각각 다양한 형태를 가지고 있다. 1930년 이를 처음으로 밝혀낸 미국 할리우드의 메이크업 아티스트 웨스트모어Westmore 家는 골상학을 연구하면서 사람의 얼굴을 7가지 형태, 즉 타원형Oval shape, 긴형Long shape, 둥근형Round shape, 사각형Square shape, 삼각형Triangular shape, 하트형Heart =shape, 다이아몬드형Diamond shape으로 분류하였고, 경우에 따라 두 가지 기본형을 합친 형태도 있다고 하였다.

타원형은 다양한 얼굴 형태 가운데 표준으로 삼는 가장 이상적인 형태로, 우리나라에서는 계란형이라고도 하며, 얼굴의 폭보다 길이가 약간 길고 눈, 코, 입의 균형이 잘 맞아 시각적으로 보았을 때 가장 조화롭고 아름답게 느껴지는 얼굴이다.

긴형은 얼굴 길이가 아주 길고 가는 형태로, 다른 부위에 비해 이마, 코 또는 턱 부위가 유난히 길어 보이는 경우에도 여기에 속한다. 다소 지루하고 성숙한 느낌을 줄 수 있으며 여성의 경우 남성적인 이미지를 표출한다.

둥근형은 얼굴의 길이와 폭이 거의 동일하고 이마와 턱 부분이 둥글고, 볼 부위에 살집이 있어 전체적으로 통통한 느낌을 준다. 귀여운 이미지이며, 어린 아이들에게서 많이 보이는 얼굴 형태이다.

사각형은 둥근형처럼 얼굴의 길이와 폭은 같지만 턱 선과 이마의 모발선이 거의 일직선에 가깝고 각이 져 보이는 형태이다. 하관이 발달해 있으므로 성숙해보이고 딱딱한 느낌을 준다.

삼각형은 턱 선이 가장 넓고 이마가 좁은 반면, 하트형은 턱 선이 아주 좁고 이마가 넓어 역삼각형 형태라고도 한다. 특히 하트형은 V라인을 강조하는 오늘날 가장 선호하는 얼굴 형태가 되었으며, 실제로 부드러운 음식을 주로 먹는 현대인의 얼굴은 점차적으로 하트형으로 변해가고 있다.

다이아몬드형은 광대뼈 부분을 가로지르는 선이 가장 넓고 이마와 턱 선이 좁아 턱 끝이 더 뾰족하게 보이는 얼굴 형태이다. 광대뼈가 넓어 강한 인상을 준다.

02 얼굴의 비례

가장 이상적인 형태로 인식되는 타원형은 다음과 같은 비례를 나타낸다(그림 2-1).

얼굴 폭은 정면에서 봤을 때 왼쪽귀－왼쪽눈꼬리, 왼쪽눈꼬리－왼쪽눈앞머리, 왼쪽눈앞머리－오른쪽눈앞머리, 오른쪽눈앞머리－오른쪽눈꼬리, 오른쪽눈꼬리－오른쪽귀까지의 폭이 1:1:1:1:1을 이룬다. 남성은 14~15cm, 여성은 12.95cm 정도가 적당하다.

얼굴 전체의 길이는, 상안면부(이마 모발선 중앙-눈썹 앞머리 연결선), 중안면부(눈썹 앞머리 연결선-코밑 선), 하안면부(코밑선-턱끝선)의 비례가 각각 1:1:1을 이룬다. 남성은 평균 24~25cm, 여성은 18.6cm 이다.

전체 얼굴의 폭과 길이의 비는 1:1.618(5:8)로, 황금비례로 되어있다.

눈은 이마 모발선에서부터 구각까지 길이의 1/2에 위치하고, 입은 하안면부의 1/2지점에 아랫입술의 밑선이 위치한다.

코 폭은 눈 폭과 동일하고, 입술 폭은 눈동자 안쪽에서 수직으로 내린 선보다 약간 작다. 눈썹의 길이는 눈앞머리의 수직선상에서 시작해서 코볼과 눈꼬리의 연결 선상에 눈썹 꼬리가 있는 것이 가장 이상적이다. 오늘날은 동안(童顔) 열풍으로 눈썹을 조금 짧게 다듬기도 한다.

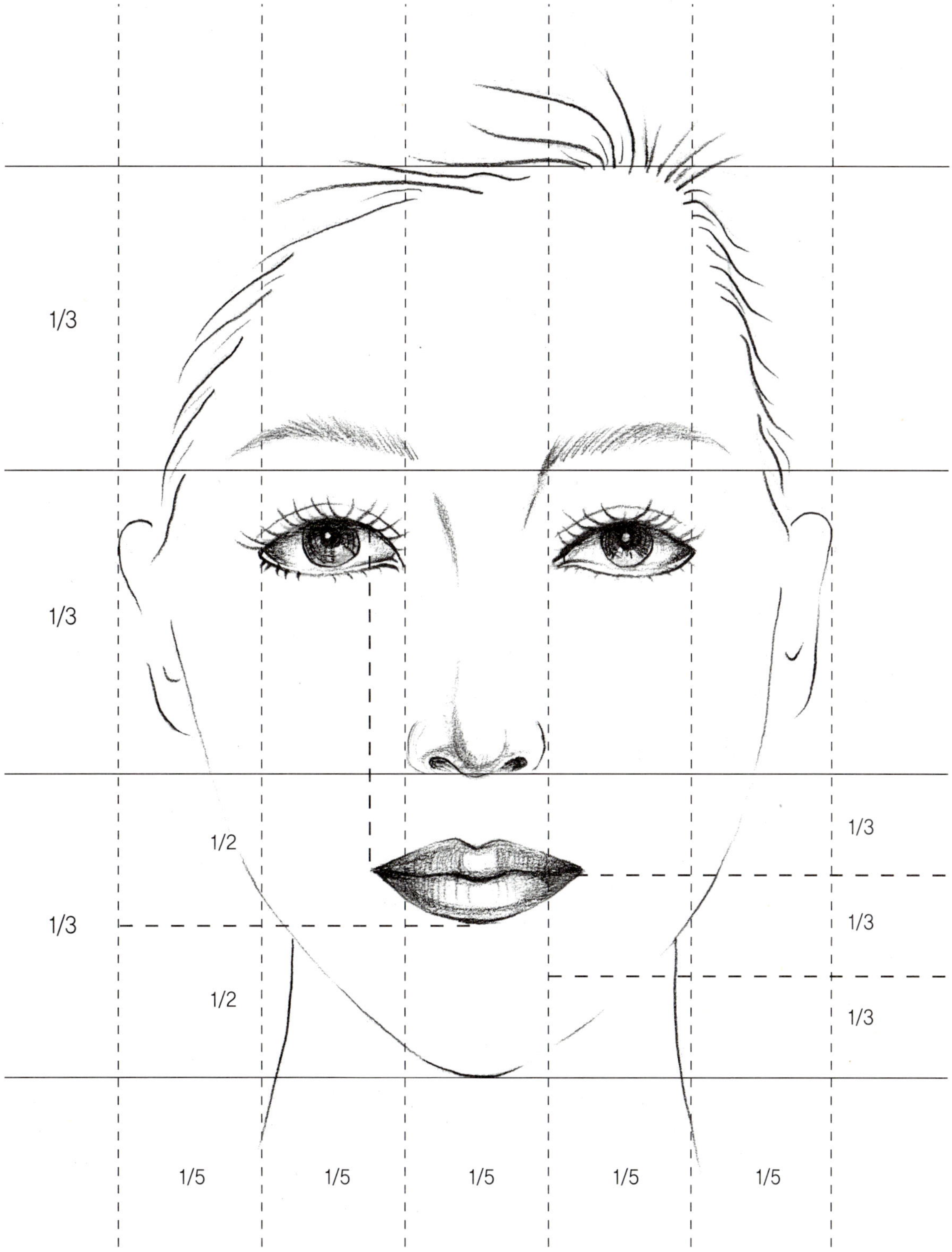

(그림 2-1) 얼굴의 이상적인 비례

03 얼굴의 골격과 근육

얼굴을 구성하는 골격과 근육은 얼굴의 윤곽과 크기, 입체감을 좌우한다. 얼굴의 기본 뼈대를 이루고 있는 것은 두개골(頭蓋骨)과 안면골(顏面骨)이다. 두개골은 전두부(前頭部), 두정부(頭政部), 후두부(後頭部), 측두부(側頭部)로 구분되고, 안면골은 광대뼈인 관골(觀骨), 코뼈인 비골(鼻骨), 위턱뼈인 상악골(上顎骨), 아래턱뼈인 하악골(下顎骨)로 구성되어있다(그림 2-2).

근육은 얼굴의 표정을 만들고 피부 탄력에 영향을 주는 기능을 하는데, 크게 표정근(表情筋)과 저작근(咀嚼筋)으로 나눌 수 있다. 표정근은 두개와 안면 전체의 표층에 있는 얇은 판상의 작은 근육으로, 한쪽 끝이나 양쪽 끝이 피부에 붙어 피부를 잘 움직이게 한다. 표정근의 발달상태가 얼굴형을 만들고, 움직임으로 인해 얼굴 표정을 나타낸다. 눈과 입주위의 근육은 원형으로 동일하고, 구각을 잡아당기는 리본 형태의 근육은 살의 안쪽에 붙어있어 수축되면서 볼을 둥글게 하고 표정을 만든다. 눈웃음을 지을 때 광대뼈 아래 근육이 위로 올라가 눈꼬리에 주름이 생기게 된다. 저작근은 턱의 저작 운동, 즉 아래턱을 위턱에 강하게 끌어당기는 운동을 하는 근육이다(그림 2-3).

골격과 근육은 성별, 연령, 인종, 건강상태 등 물리적, 정신적 특성에 따라 각기 다른 특징을 가진다. 인체에서 성호르몬은 사춘기 이후 직·간접적으로 남녀의 성 차이를 유발한다. 일반적으로 여성의 골격은 가늘고, 뼈 중량과 강도 모두 남성의 2/3에 해당된다. 근력은 근육의 두께에 비례하므로 상대적으로 근육의 두께와 양에서 우위에 있는 남성의 근력이 여성보다 좋다고 할 수 있다.

또한 노화에 의해 자연스럽게 근력이 저하되고 주름이 증가하게 되는데, 주름은 표정근의 수축에 의해 피부에 홈이 생기는 상태를 의미한다. 이는 피부 진피층의 콜라겐Collagen과 탄력섬유의 소실로 인해 피부 표면에 골이 생기는 것으로, 보통 25세부터 노화가 시작된다. 주로 이마와 미간 주름, 눈꼬리와 눈밑 주름, 팔자 주름이 생기며 전체적으로 피부가 아래로 늘어져 눈꺼풀과 눈꼬리가 처지고 코가 변형되며 양 볼의 피부의 처짐으로 얼굴선에 변형이 생긴다.

동양인에 비해 서양인의 골격은 더욱 입체적이며 흑인의 경우 안면골격의 돌출이 많다. 근육 또한 흑인이 가장 탄력적이어서 시각적으로도 탄탄한 느낌을 준다.

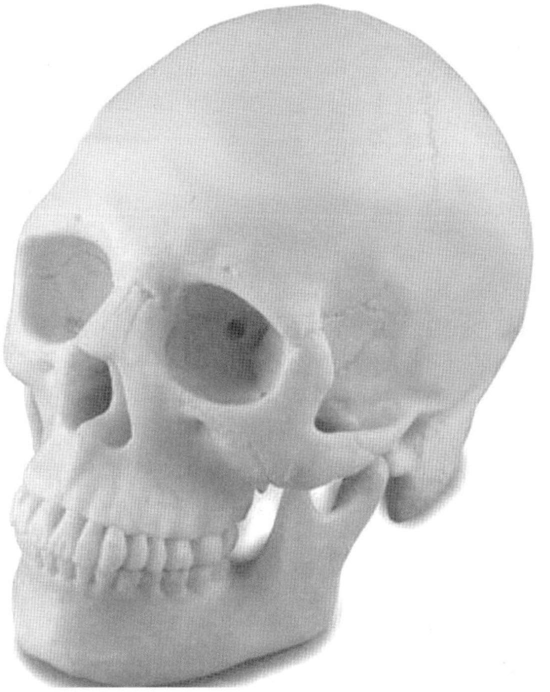

(그림 2-2) 얼굴의 골격

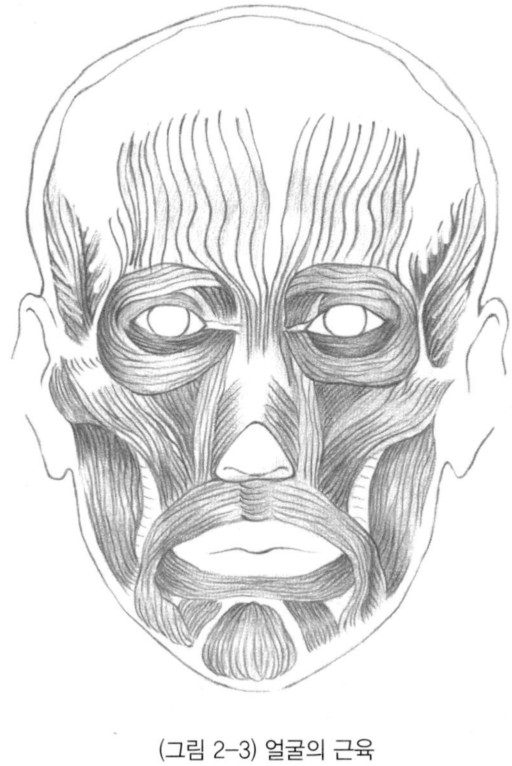

(그림 2-3) 얼굴의 근육

03

일러스트레이션
드로잉

01 드로잉 기초

(1) 선 연습

최근에는 포토샵Photoshop 또는 일러스트레이터Illustrator와 같은 컴퓨터 그래픽 프로그램을 이용하여 뷰티 일러스트레이션을 표현하기도 하나, 기본적인 핸드 드로잉의 기초를 습득하는 것은 아티스트가 갖추어야 할 필수적인 요건이다.

따라서 초보자들은 잘못된 부분을 곧바로 수정할 수 있는 연필도구를 사용하여 선 그리는 연습, 명암 넣는 연습, 얼굴의 부분과 전체를 그리는 체계적인 연습을 통해 드로잉 기초 테크닉을 습득하도록 한다.

선은 크게 직선과 곡선으로 나뉜다. 이때 자나 컴퍼스를 사용하지 않아야 자연스러운 일러스트레이션을 그릴 수 있으므로, 손으로 그리는 프리핸드Free hand를 많이 연습하도록 한다.

특히 손에 힘을 주었다가 빼거나, 힘을 뺐다가 다시 주는 연습을 하여 선의 강약을 통해 인체의 굴곡과 명암에 따른 표현을 할 수 있도록 하고, 자신감 있는 터치로 선의 떨림이 없도록 한다.

가) 직선

① 그리는 방법

직선은 곧게 뻗은 선으로, 건축도면, 디자인 스케치에 많이 사용된다.

프리핸드에 대한 숙련정도가 낮은 경우 의도하지 않은 손의 떨림이 표현될 수 있으므로 다양한 길이의 선 연습이 필요하다.

손의 힘을 조절하여 선의 강약을 나타낼 수 있도록 직선, 즉 수평선과 수직선, 사선을 반복적으로 그리는 연습을 한다. 이때 선과 선 사이가 일정한 간격이 유지되도록 하고 선의 길이 또한 동일하게 그려본다.

② 그리는 연습

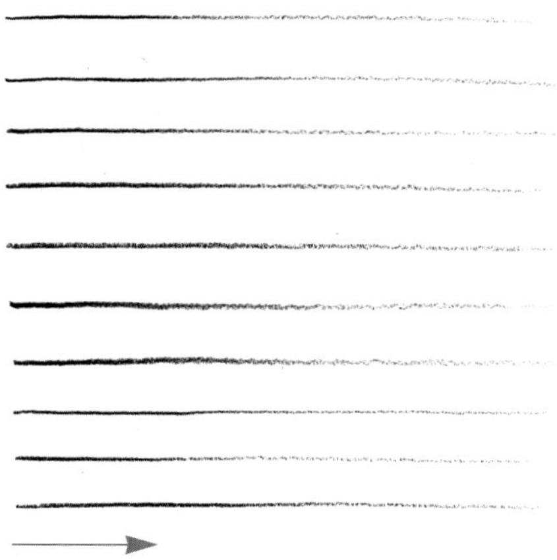

* 왼쪽 그림을 보고 그리는 연습을 해봅니다.

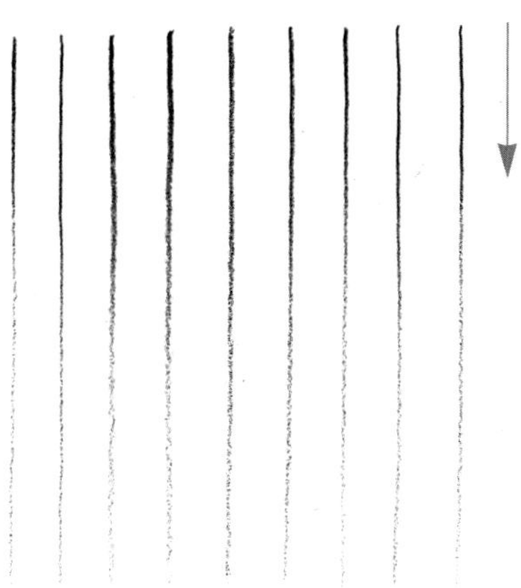

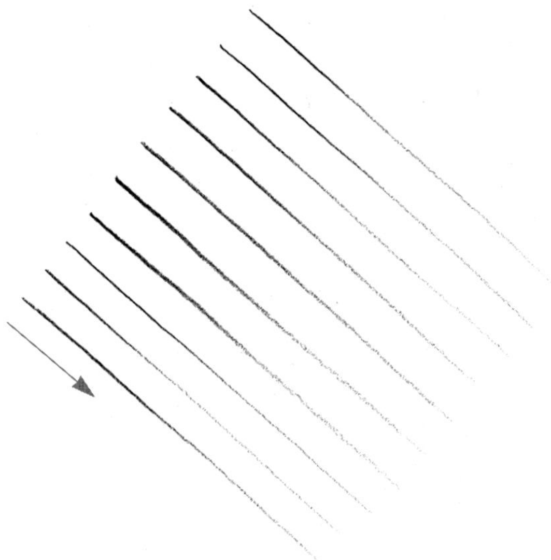

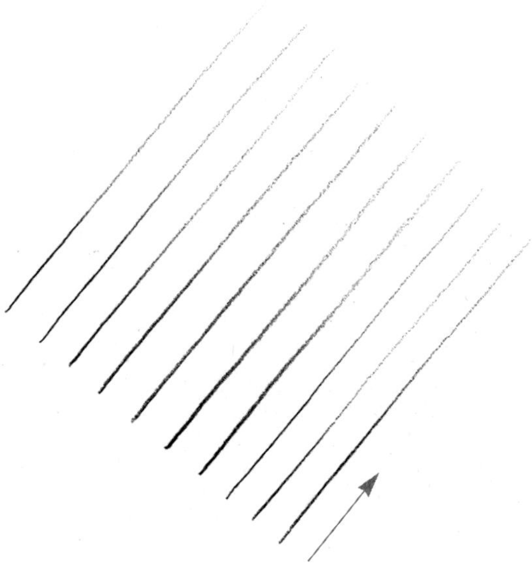

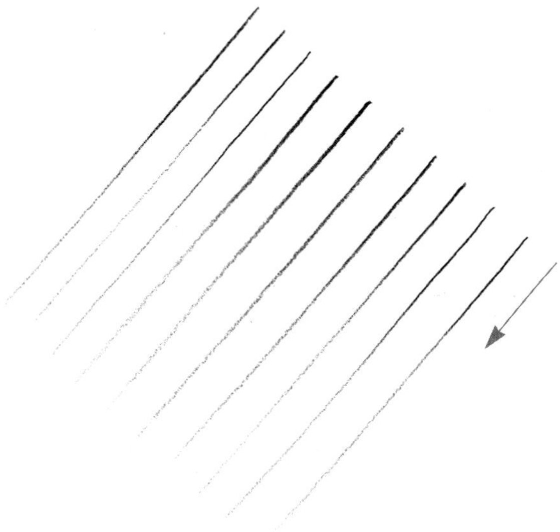

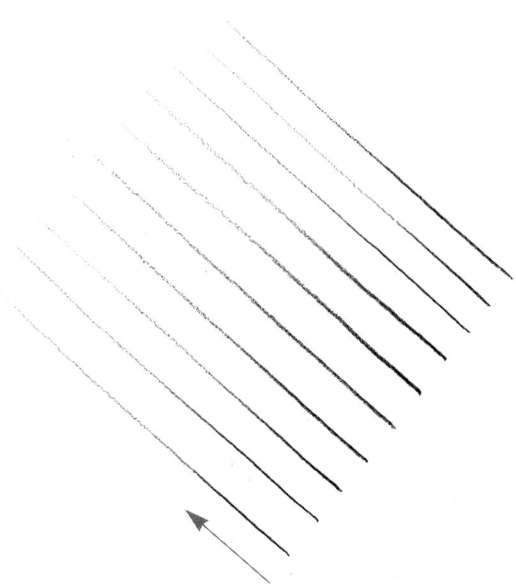

나) 곡선

① 그리는 방법

인체는 머리, 몸통, 팔, 다리 등 구(球) 또는 원통형으로 생겨 직선이 아닌 부드러운 곡선으로 이루어져 있으므로 곡선에 대한 많은 연습이 필요하다.

헤어 또한 직모인 경우도 있으나 머리와 얼굴을 따라 흐르면서 곡선을 이루고 있고, 곱슬머리 또는 펌perm에 의한 웨이브 헤어인 경우 부드러운 파상선부터 심하게 꼬인 코일선까지 다양한 곡선으로 이루어져 있다.

일러스트레이션에서 다양한 헤어스타일의 표현을 위해 여러 종류의 곡선에 대한 연습을 해보도록 한다.

곡선 또한 선의 강약을 이용하여 그리면 보다 사실적이고 생동감 있는 인체 표현이 가능하다.

② 그리는 연습

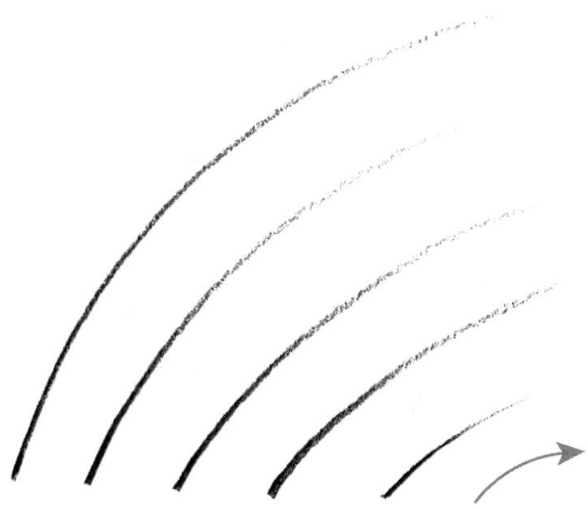

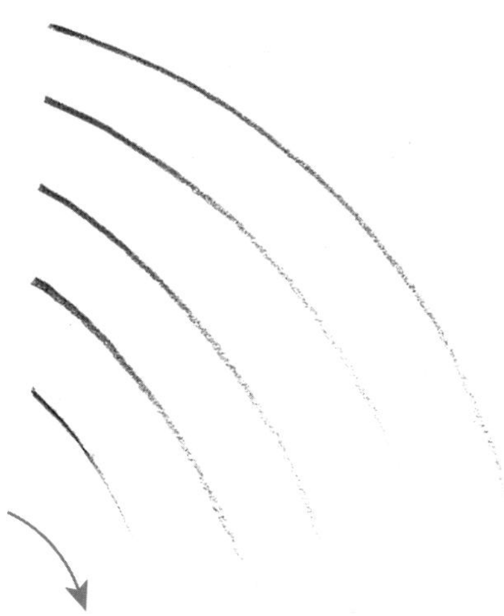

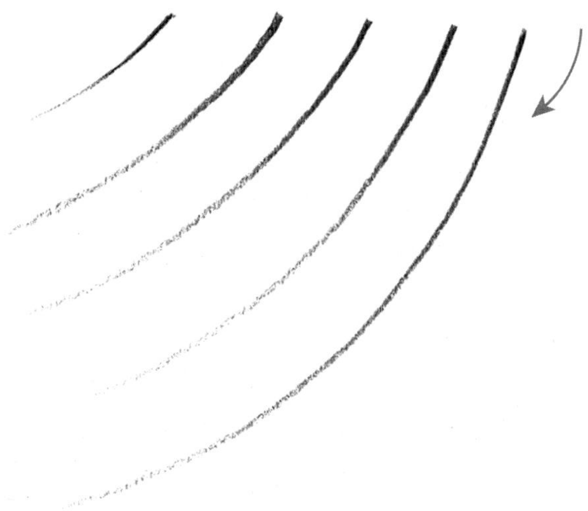

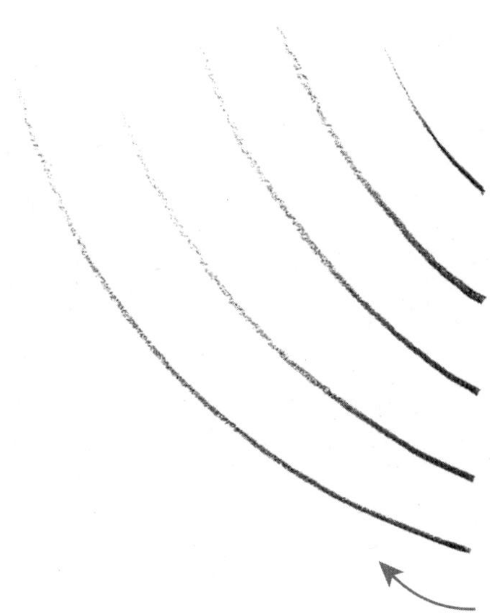

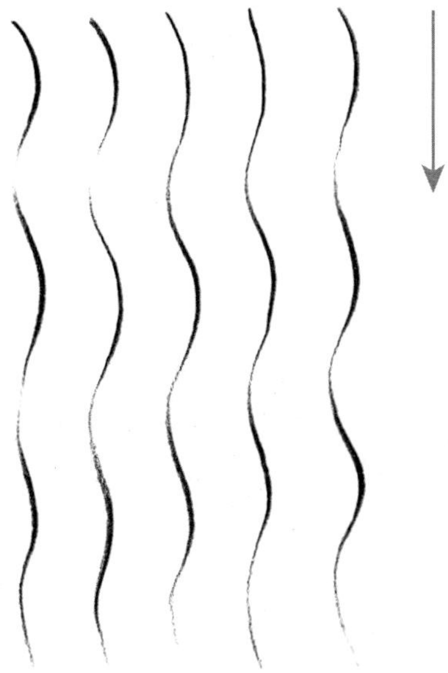

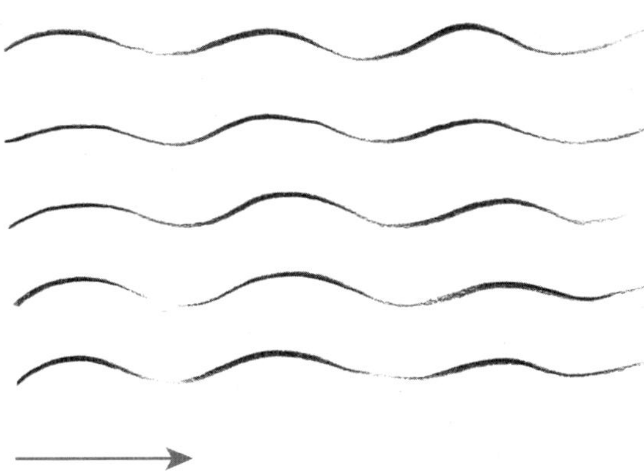

(2) 음영 연습

가) 빛과 음영의 관계

사람의 눈은 빛이 사물에 닿았을 때 빛의 반사, 흡수, 굴절 작용을 통해 사물의 형태와 색상을 인지할 수 있다. 사면체의 경우, 직선과 직선이 결합된 각각의 면들이 각을 이루고 있어 빛이 비추는 곳은 밝고, 그렇지 않은 곳은 어둡게 보인다. 그러나 원기둥은 면이 둥글어 밝은 곳과 어두운 곳 사이에 중간단계가 존재하게 된다. 이러한 단계적 변화를 그러데이션Gradation이라고 한다(그림 3-1).

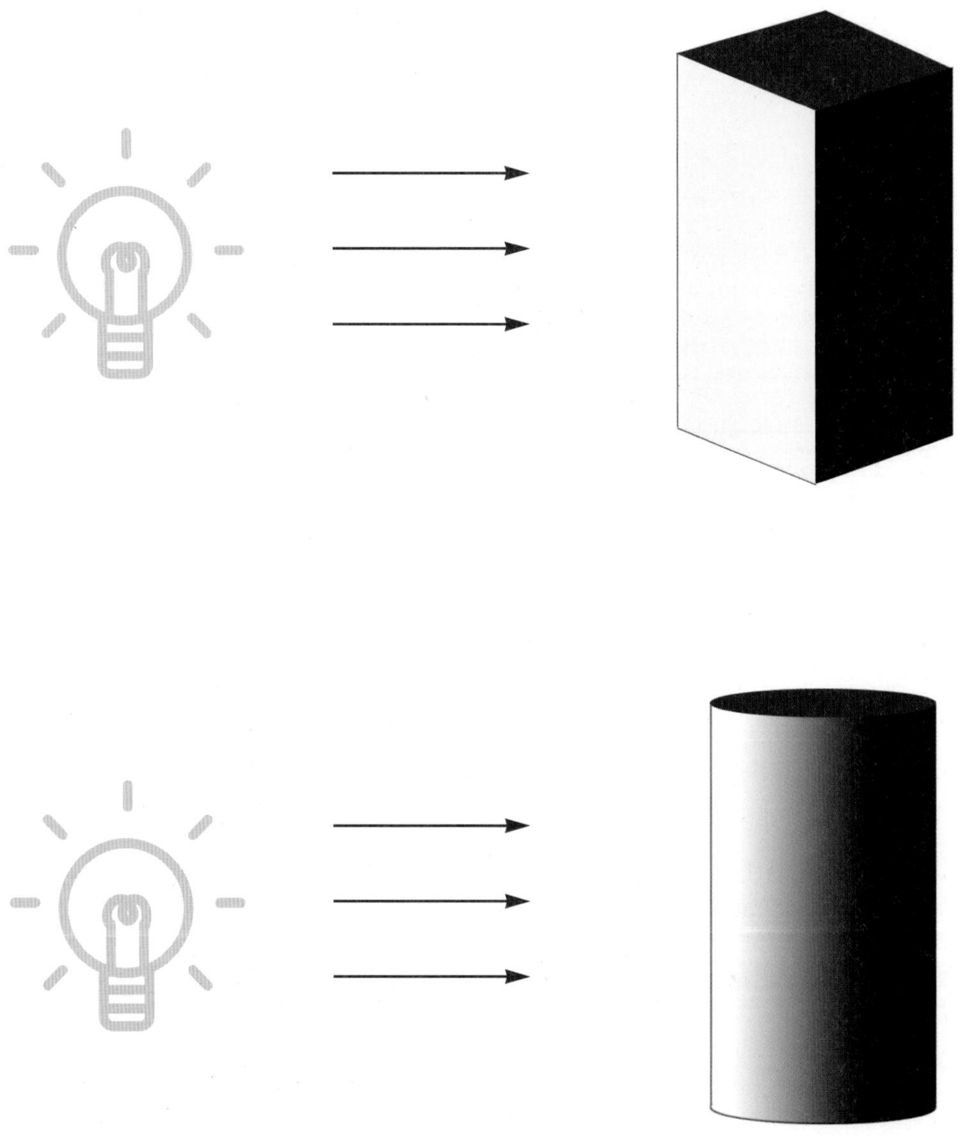

(그림 3-1) 빛과 음영의 관계

사람 얼굴의 경우, 골격과 근육, 지방으로 이루어져 원기둥처럼 둥근 면을 가지는 동시에 눈, 코, 광대뼈, 입이 돌출된 입체적 형태를 띠고 있으므로, 빛이 직접적으로 비추어 생긴 밝은 곳, 그 이면의 어두운 곳, 그리고 중간단계가 존재하게 된다. 또한 얼굴 굴곡에 따라 들어간 부분에 음영이 생기며, 이때 주름 또한 음영으로 표현된다. 조명에 따라 음영의 위치와 방향이 달라진다(그림 3-2).

(그림 3-2) 얼굴의 음영

나) 음영법

음영법(陰影法)이란 빛에 의해 나타나는 사물의 밝고 어두운 관계를 화면 위에 표현하는 서양화 기법으로, 흔히 미술에서 명암법(明暗法)이라고도 한다.

묘사 대상의 밝은 부분에서 어두운 부분까지의 상태를 대비와 그러데이션에 의해 그 입체감과 원근감을 나타낸다.

화면에 광선의 법칙과 광원의 방향에 의한 자연적 현상에 따라 처리하여 묘사대상의 사실적 느낌을 증진시키는 구실을 한다.

소묘나 모노톤의 그림에서 명암은 흰색에서 검정색에 이르는 무채색의 명도 차에 의해 그 대비 관계를 나타내는 반면, 채색화의 경우 고전회화에서는 연필에 의한 정밀한 선을 써서 명암을 묘사하는 밑그림을 그리고, 그 위에 채색하는 기법을 썼다. 르네상스Renaissance 성숙기에는 레오나르도 다빈치 Leonardo da Vinci의 명암법으로 알려진, 갈색의 농담으로 밑그림을 그리고 그 위에 채색을 하는 수법이 생겨났다(그림 3-3). 그 후 이탈리아 베네치아파 화가들은 풍부한 색채를 사용하여 밝음과 어둠의 대비에서 대상을 포착하였고, 이것을 투명색과 불투명색의 대비로 바꾸어 공간과 조형감을 표출했다. 바로크시대에 들어서자 렘브란트Rembrandt van Rijn는 이러한 기법에서 더 나아가 빛의 효과를 색채로 환원하는 명암법을 확립하여 화면에 극적 효과를 올리는 데 기여하였다(그림 3-4).

(그림 3-3) 레오나르도 다빈치 〈모나리자〉

(그림 3-4) 렘브란트 반 레인 〈벨사자르 왕의 연회〉

프리핸드에서 명암표시는 선들의 교차로 인한 표현과 선의 밀집으로 이루어지며, 선의 농도를 결정하여 알맞은 명암단계를 표현해 줄 수 있다. (그림 3-5)는 명도단계를 나타내는 그레이 스케일grey scale로, 가장 밝은 10부터 가장 어두운 0까지 단계별로 차이가 나도록 연습해본다.

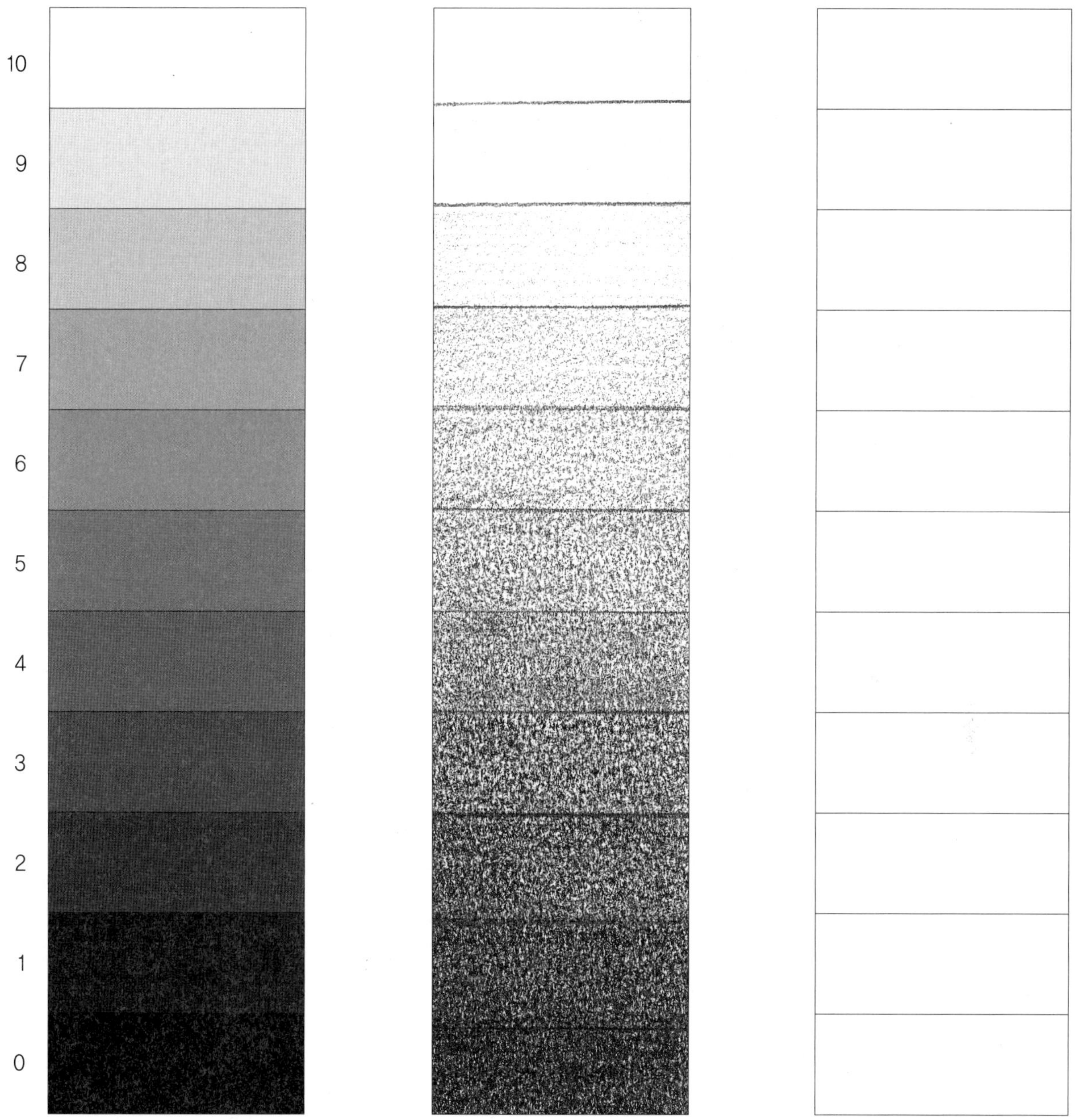

(그림 3-5) 명도단계에 따른 명암법 연습

* 왼쪽 두 그림을 보고 명도단계에 맞추어 4B연필로 명암을 표현해봅니다.

02 얼굴 드로잉

(1) 부분 드로잉

가) 눈

눈은 웃는 눈, 찡그린 눈 등 얼굴의 표정과 전체적인 분위기를 좌우하는 중요한 요소이다. 눈 속에는 안구가 있어 입체적으로 돌출되어 있으며, 눈의 깜박임과 움직임, 시선에 따라 또는 얼굴각도에 따라 눈의 형태와 길이가 달라보이므로 섬세한 표현이 요구된다.

① 눈의 이상적인 비례

- 눈 앞머리의 일직선상에서 2~3mm 나온 지점에서 눈썹이 시작된다.
- 눈썹 라인brow line(눈썹 앞머리를 통과하는 가로선)과 위 눈꺼풀 라인upper lid line(눈동자 윗부분을 통과하는 가로선) 사이에 눈동자 하나 들어가도록 그린다.
- 눈동자 뒤쪽에서 올라간 수직선상에 눈썹산이 위치한다. 눈썹 전체 길이를 2등분한 지점이다. 이때 눈썹 산과 눈썹 라인, 위 눈꺼풀 라인, 아래 눈꺼풀 라인lower lid line이 동일한 간격을 이룬다.
- 눈썹 꼬리는 눈썹 앞머리를 통과하는 가로선(눈썹 라인)과 일치하는 곳까지 내려 그린다(그림 3-6).

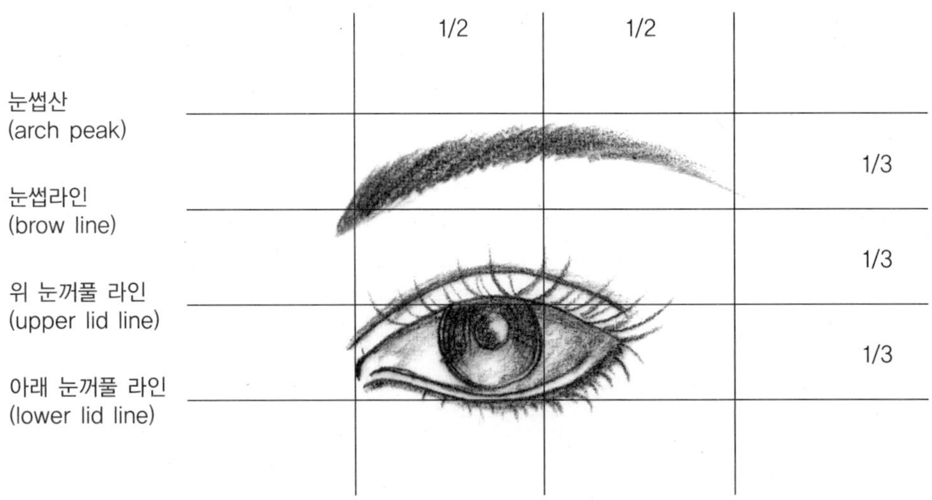

(그림 3-6) 눈의 이상적인 비례

② 눈 그리는 방법 및 순서

- 정면, 측면, 옆면 즉, 눈의 방향을 결정한다.
- 눈과 눈동자의 크기를 결정한다.
- 눈의 전체적인 아웃라인out line을 스케치한다.
- 연필 터치를 여러 번 하면서 명암을 살리고, 눈동자, 눈꺼풀, 속눈썹 등 디테일을 표현한다.
- 눈과의 간격을 고려하여 눈썹을 그린다.

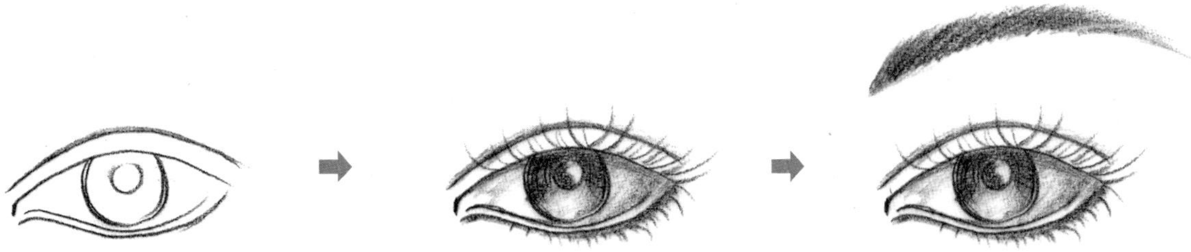

눈의 아웃라인 명암과 디테일 눈썹 추가

(그림 3-7) 눈 그리는 방법 및 순서 1

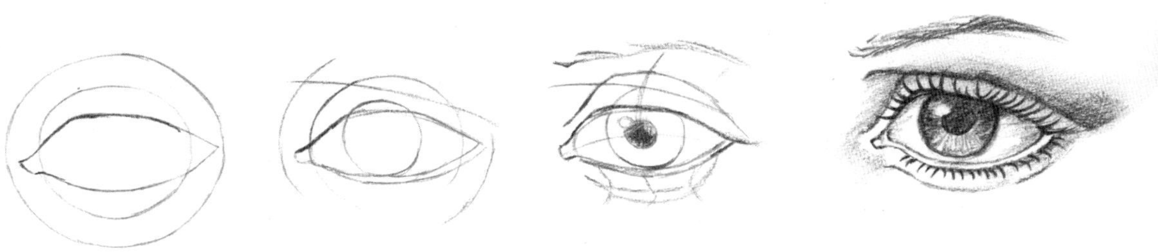

(그림 3-8) 눈 그리는 방법 및 순서 2

③ 눈 그리는 연습

a. 기본

b. 눈의 방향

정 면

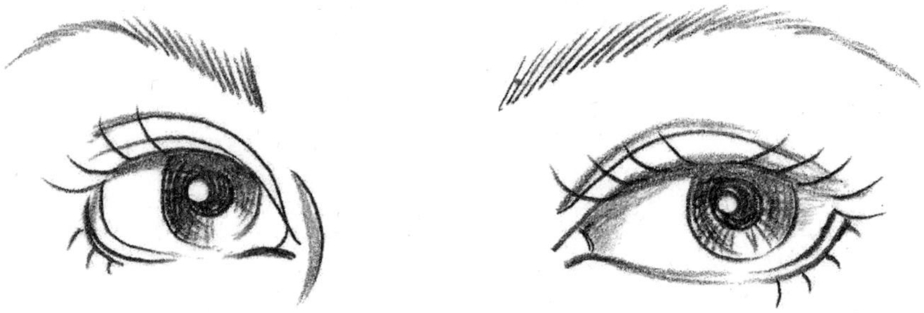

측 면

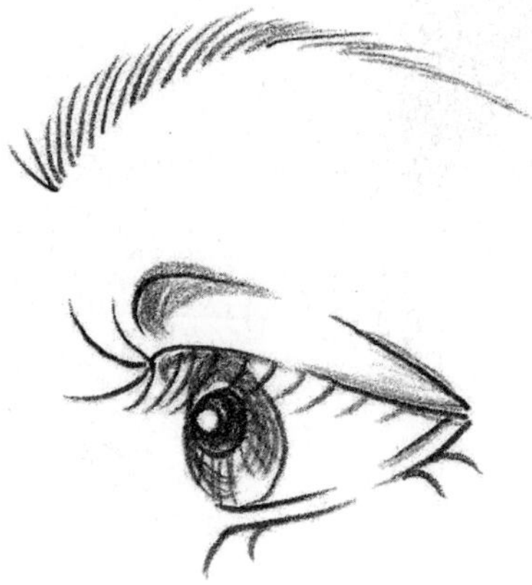

옆 면

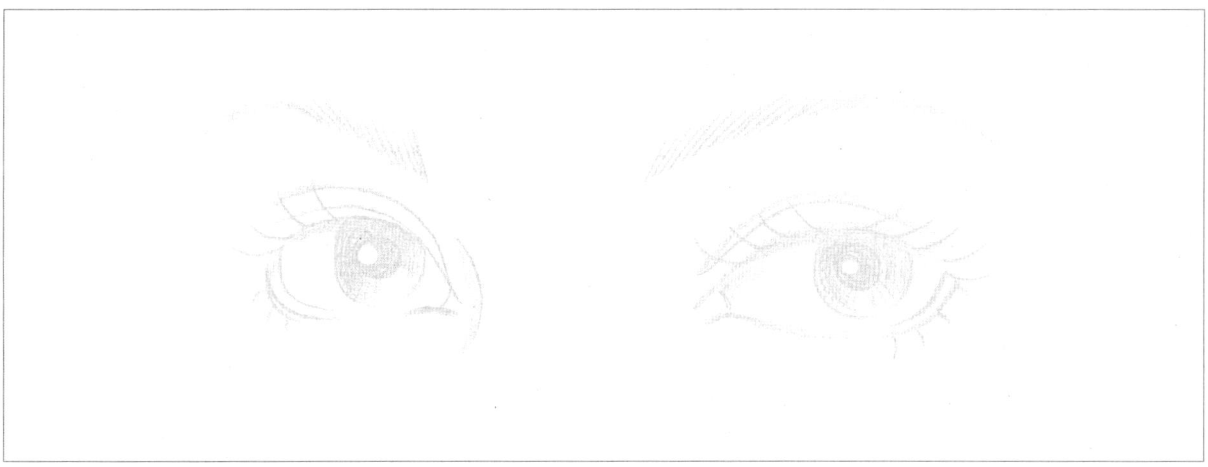

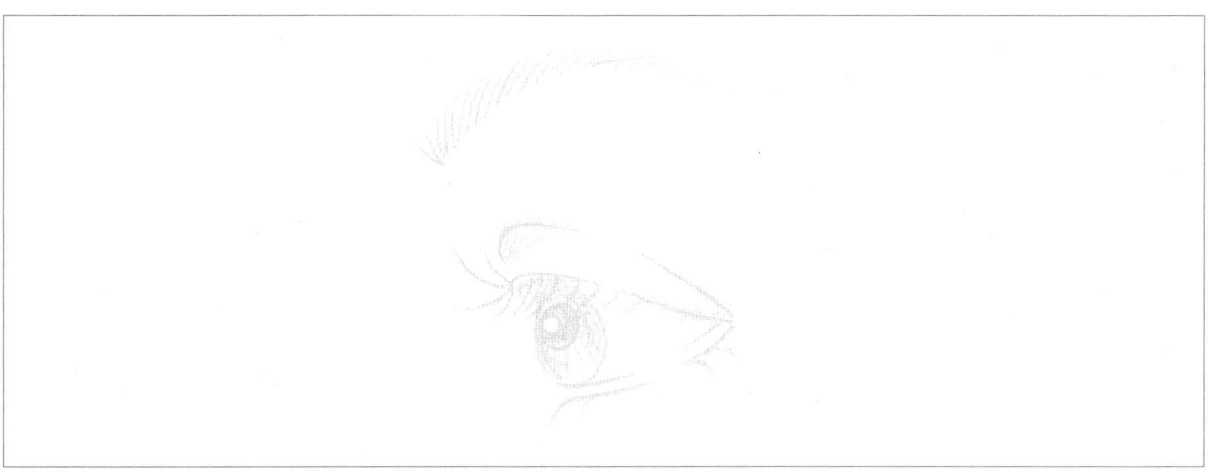

④ 눈썹 형태와 이미지

• 표준형

가장 기본적인 형태.
모든 얼굴형에 적합.

• 직선형

젊고 신선한 느낌.
남성적인 이미지.

• 각진형

세련되고 지적인 이미지.
활동성이 강한 이미지.

• 아치형

우아하고 요염한 이미지.
여성스러운 이미지.

• 상승형

역동적이 이미지.
남성적인 이미지.

⑤ 다양한 눈 그리는 연습

나) 코

코는 눈이나 입처럼 얼굴의 표정을 만들지는 않지만, 전체적인 구도에 있어서 얼굴 가운데에 위치하여 균형감을 느끼게 하는 요소이다.

입체감이 큰 부위인 만큼 너무 디테일하게 표현을 할 경우 다소 부자연스러워 보일 수 있으므로 선의 생략, 음영 처리로 자연스럽게 그린다.

① 코의 이상적인 비례

- 코는 눈썹 뼈와 연결되어 있다.
- ㄷ은 콧망울이 시작되는 지점으로, 콧망울에는 뼈가 없으므로 ㄷ에서 살짝 들어간 곡선을 이룬다.
- ㄱ에서 ㄹ까지의 길이는 한쪽 눈 길이의 1.5배이다.

② 코 그리는 방법 및 순서(정면)

- 콧망울 크기를 정하여 원을 그려준다.
- 콧망울과 콧대를 연결하는 선을 그려준다.
- 콧대를 살릴 수 있도록 입체적으로 표현한다.
- 명암으로 완성한다(그림 3-9).

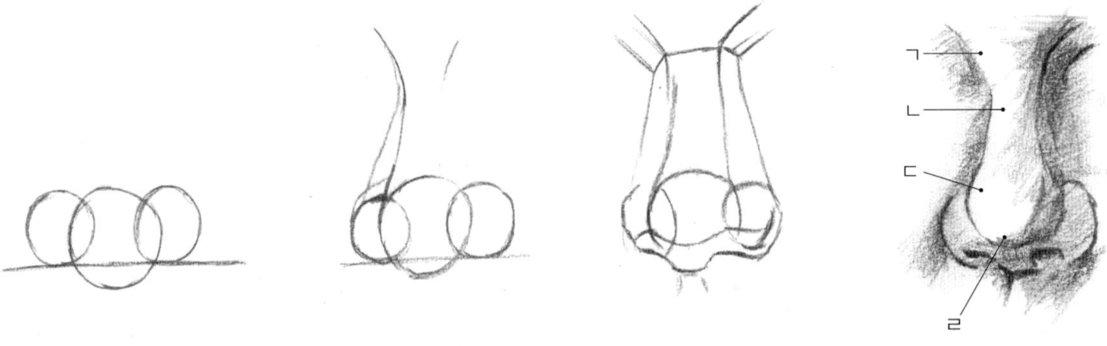

(그림 3-9) 코 그리는 방법 및 순서(정면)

③ 코 그리는 방법 및 순서(옆면)

- 코의 방향, 길이, 콧망울의 크기 및 위치를 정한다.
- 눈썹 앞머리와 연결하여 콧대를 그린다. 이때 선을 연결되게 그리지 말고 눈썹과 조금 띄어 시작하고 좌우의 콧대 길이를 똑같이 그릴 경우 인위적으로 보이므로 한쪽을 더 길게 표현한다.
- 눈 앞머리에서 수직으로 내린 선에 콧망울의 위치를 정하고 코끝을 둥글게 굴려준 후 콧구멍을 표시한다.
- 코뼈, 콧망울의 둥근 입체감을 위해 음영처리를 한다. 콧구멍, 인중 부분도 음영 처리해준다(그림 3-10).

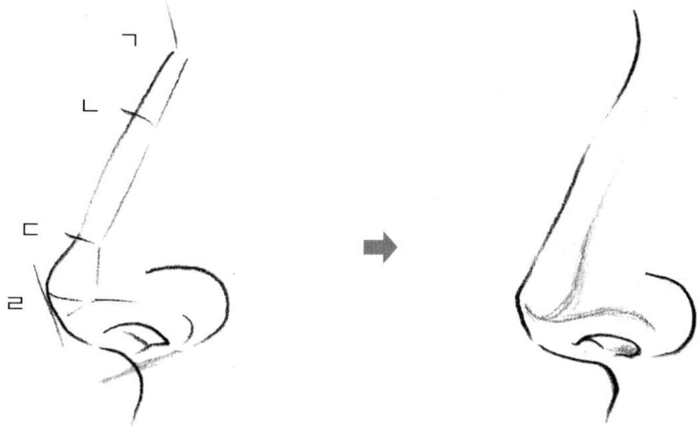

(그림 3-10) 코 그리는 방법 및 순서(옆면)

a. 코의 방향

정 면

측 면

옆 면

③ 다양한 코 그리는 연습

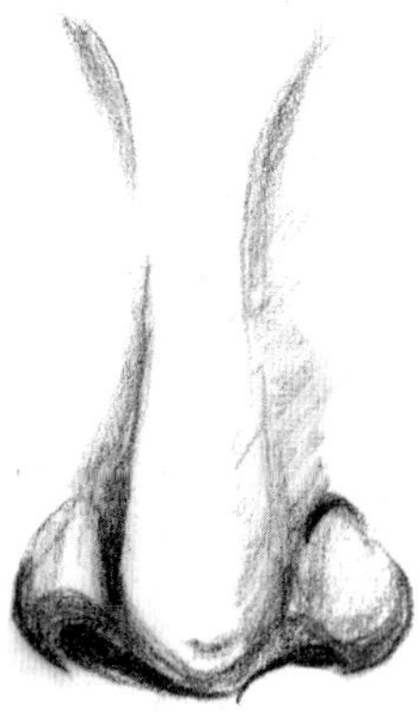

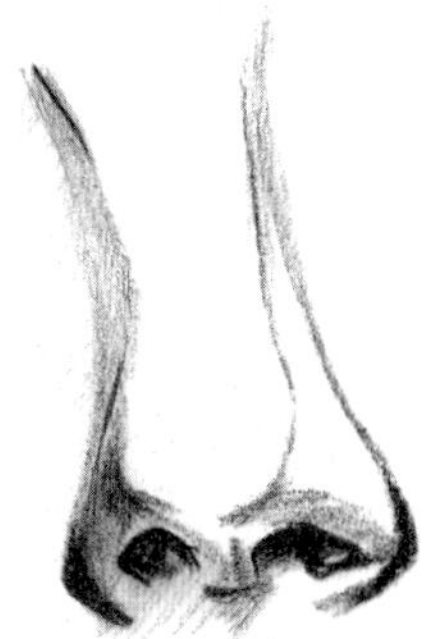

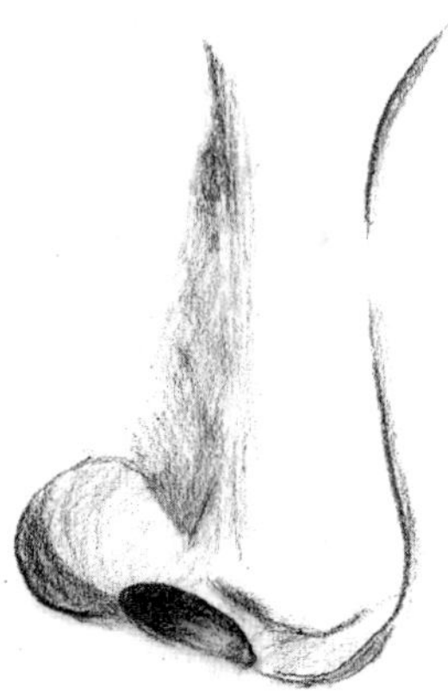

다) 입

입은 눈과 같이 얼굴의 표정을 좌우하는 중요한 요소로, 입의 크기와 형태, 구각의 처진 정도를 통해 사람의 감정을 표현할 수 있다.

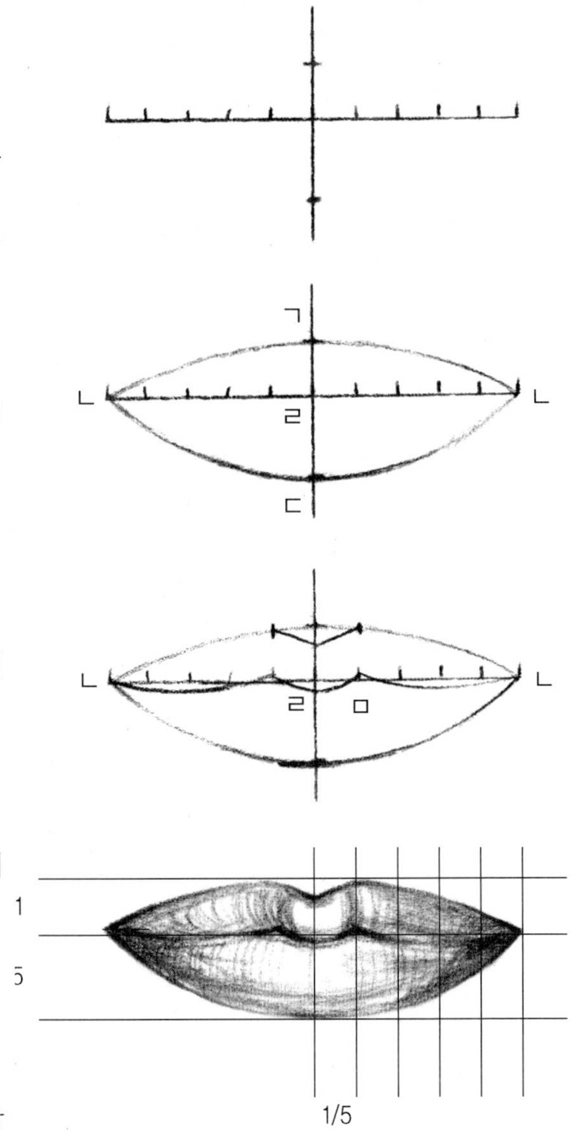

(그림 3-11) 입 그리는 방법 및 순서 1

① 입의 이상적인 비례

- 윗입술과 아랫입술의 비율은 1:1.5이다.
- ㄹ(입술 중앙)과 ㅁ(입술산)의 간격은 ㄹ과 ㄴ(구각)의 간격의 1/5에 해당된다.

② 입그리는 방법 및 순서 1

- 얼굴의 방향에 따라 입의 방향과 크기를 결정한다.
- 윗입술과 아랫입술 폭의 비율을 1:1.5로 하여 임의의 점 ㄱ, ㄷ을 찍는다.
- ㄴㄹ의 길이는 ㄱㄹ의 5배가 되도록 한다.
- ㄱ에서 ㄴ, 다시 ㄴ에서 ㄷ으로 완만한 곡선을 그린다.
- ㄹㄴ의 첫 번째 점에 입술산을 위치시키고 윗입술의 아래라인을 둥글게 처리한다(그림 3-11).

③ 입그리는 방법 및 순서 2

- 입의 길이와 두께를 정한다.
- 동일 크기의 원을 윗 입술 중앙에 한 개, 아랫입술 중앙에 두 개를 그려 넣어 구도를 완성한다.
- 입술의 잔주름과 명암을 넣는다(그림 3-12).

(그림 3-12) 입 그리는 방법 및 순서 2

a. 입의 방향

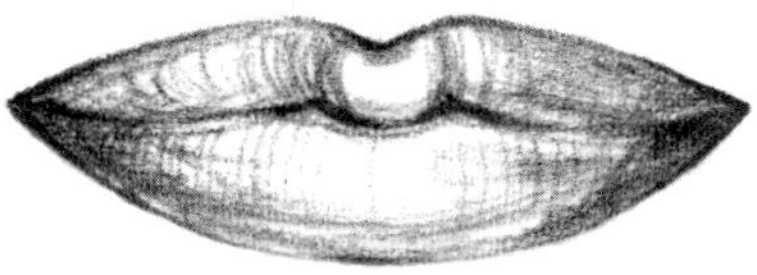

정 면

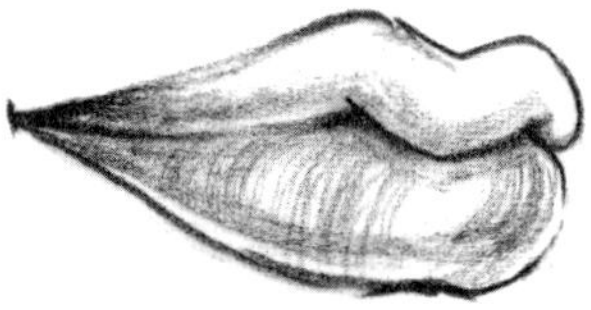

측 면

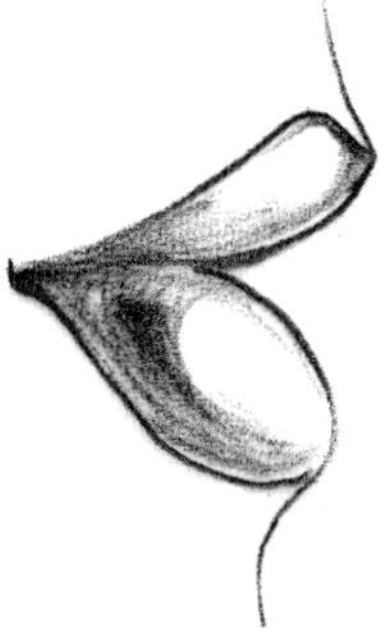

옆 면

④ 입술의 형태와 이미지

• 표준형

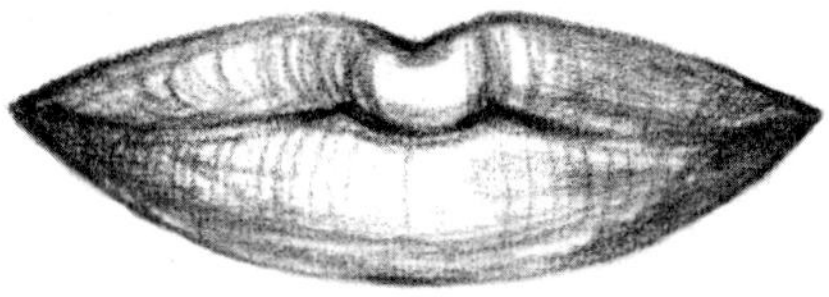

이상적인 비례에 의한
가장 기본적인 형태.

• 스트레이트

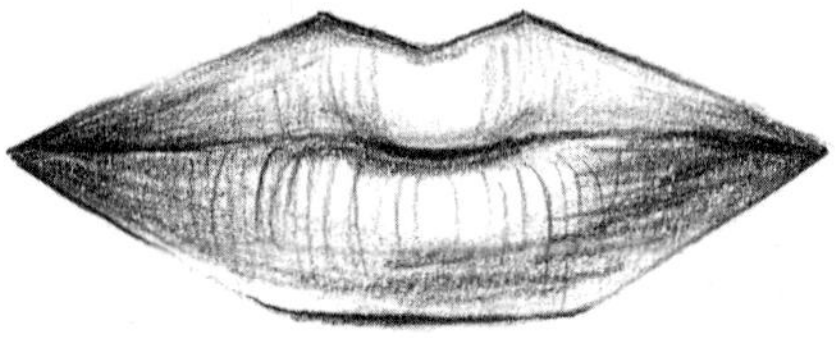

입술산과 아랫입술을
각지게 그린 직선형.
지적, 현대적 이미지.

• 인커브

표준형보다 구각부분이
안쪽커브로 그려짐
귀엽고 발랄한 이미지.

• 아웃커브

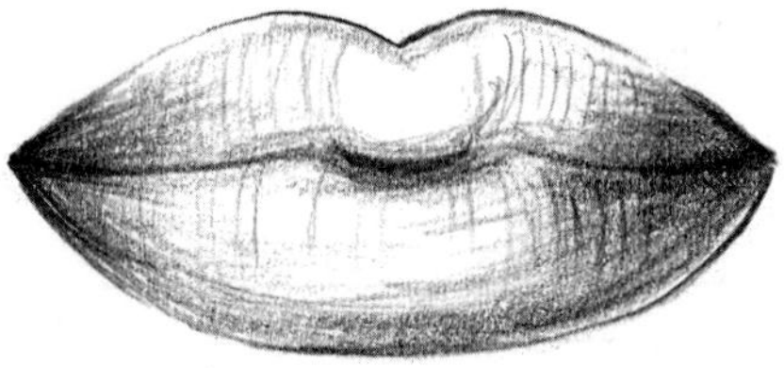

표준형보다 구각부분이
바깥쪽커브로 그려짐.
섹시한 이미지.

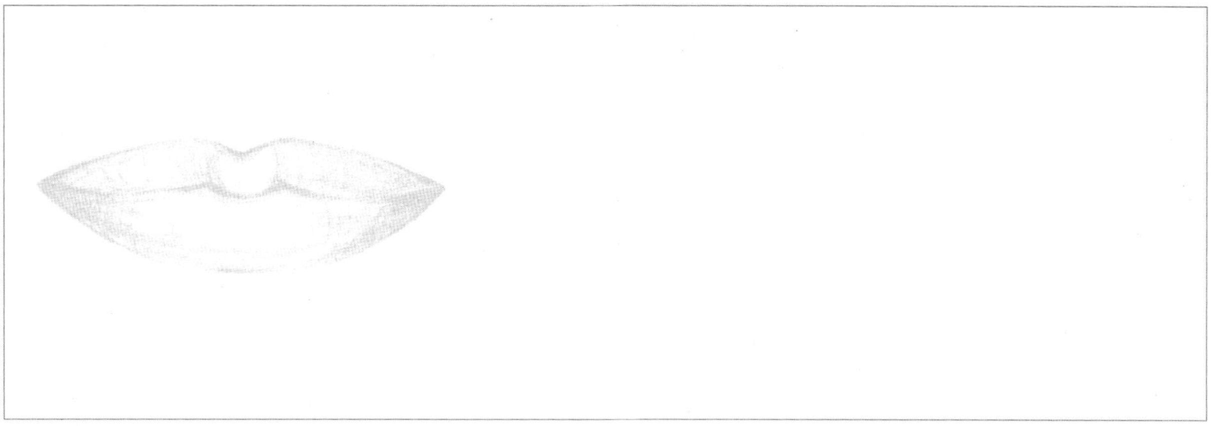

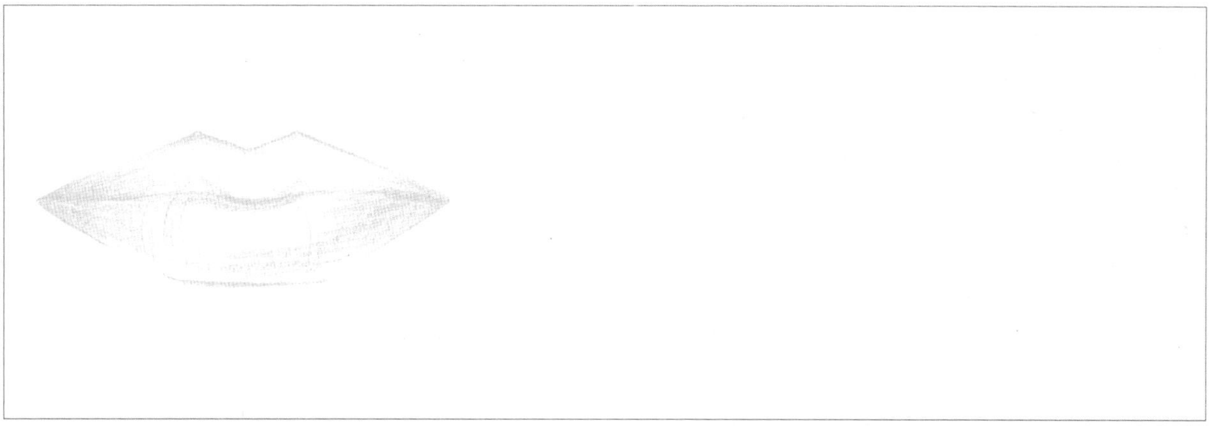

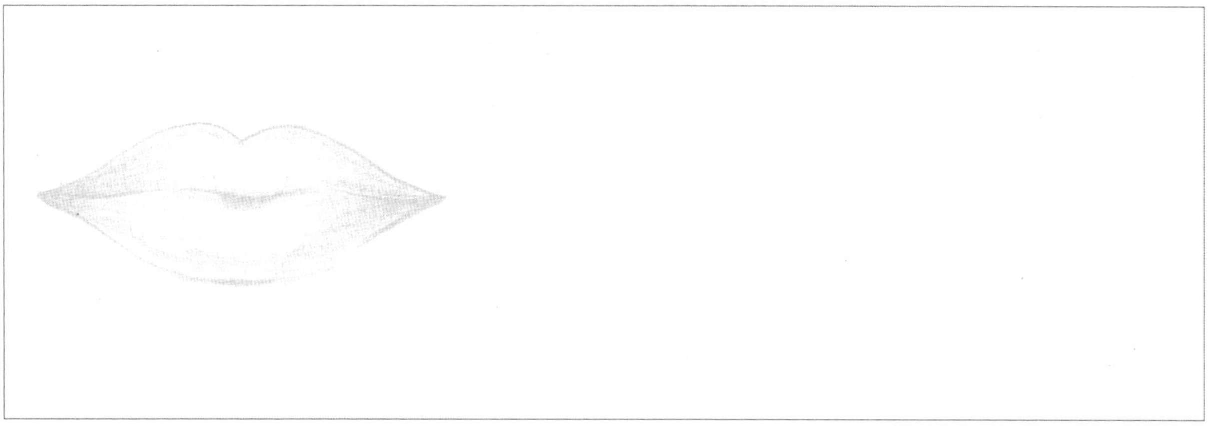

⑤ 다양한 입 그리는 연습

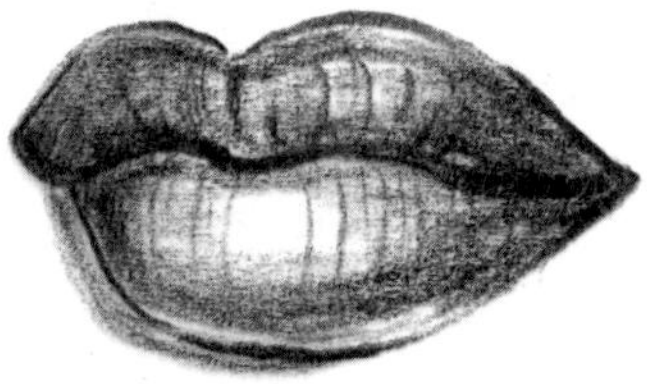

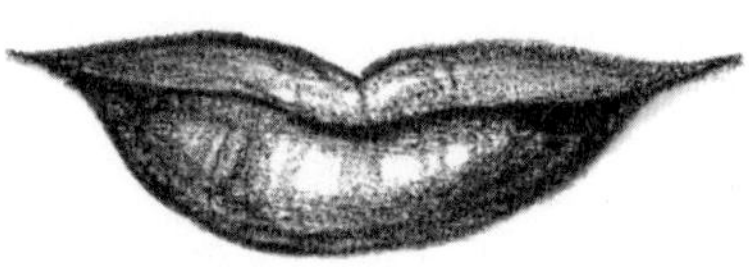

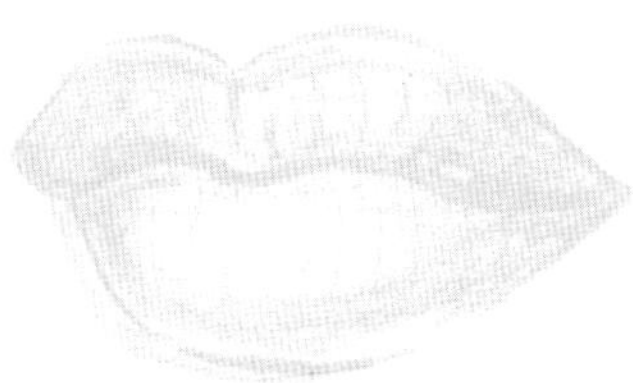

(2) 전체 드로잉

① 정면

* 트레이싱 페이퍼를 사용하여 스케치한 후, 오른쪽에 붙이세요.

② 측면

* 트레이싱 페이퍼를 사용하여 스케치한 후, 오른쪽에 붙이세요.

③ 옆면

* 트레이싱 페이퍼를 사용하여 스케치한 후, 오른쪽에 붙이세요.

03 헤어 드로잉

(1) 부분 드로잉

가) 스트레이트 헤어

① 그리는 방법 및 순서

- 사람의 두상은 곡선이므로 스트레이트 헤어straight hair라 할지라도 완만한 곡선이 되도록 그린다.
- 선이 단조롭지 않도록 강약을 주면 보다 생동감 있게 표현할 수 있다.
- 굵은 선으로 헤어의 전체적인 라인을 그려준 후 중간 선, 가는 선의 순서로 디테일한 부분을 그려준다. 이때 선의 길이가 일치하면 부자연스러우므로 길이가 모두 다르게 표현한다.
- 선과 선의 겹침 여부에 따라 깔끔하게 또는 거칠게 표현할 수 있다(그림 3-13).

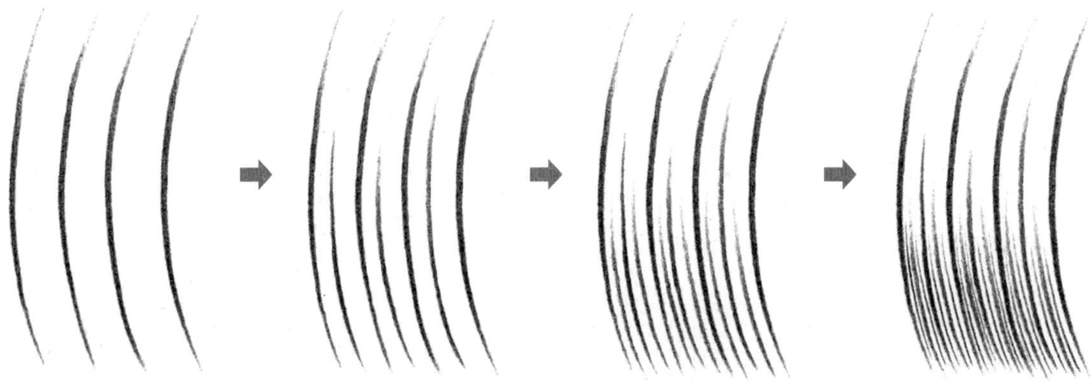

(그림 3-13) 스트레이트 헤어 그리는 방법 및 순서

② 그리는 연습

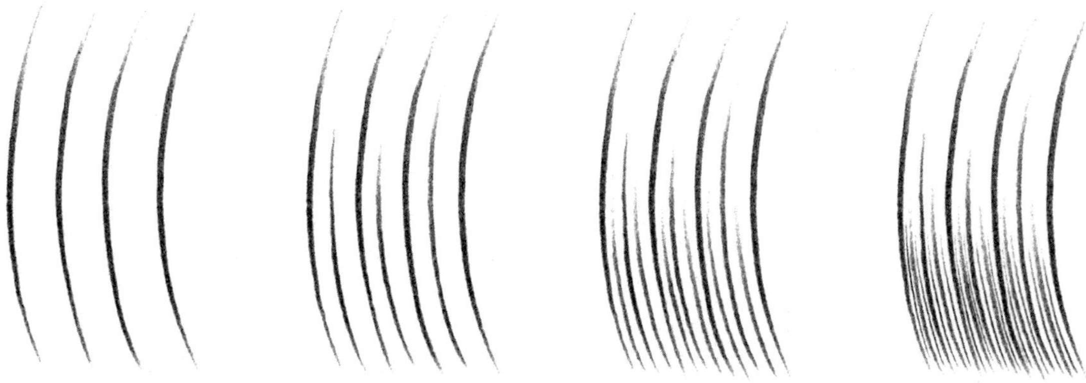

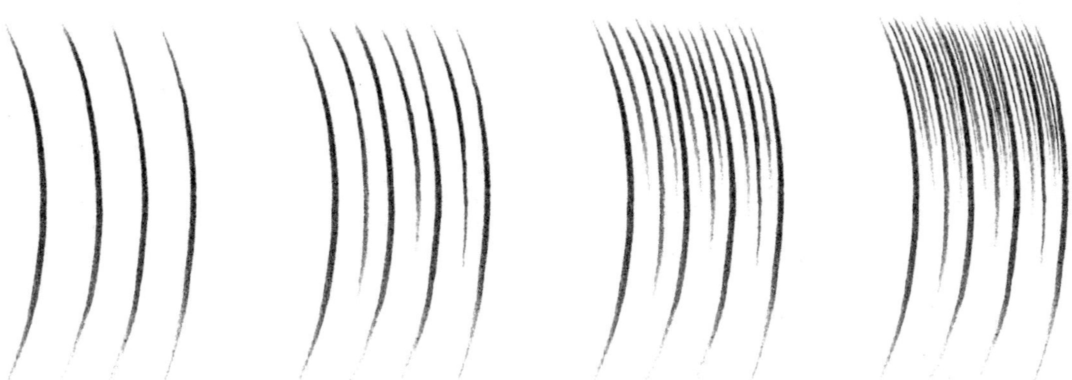

나) 웨이브 헤어

① 그리는 방법 및 순서

- 웨이브 헤어wave hair를 그릴 때는 왼쪽 선을 기준으로 해서, 선과 선 사이의 폭이 넓었다 좁았다 다시 넓어지는 순서로 그려주면 입체감을 표현할 수 있다.
- 선에 강약을 주어 웨이브가 자연스럽게 표현될 수 있도록 한다.
- 선과 선 사이 폭이 좁은 부분에는 선을 많이 그려 어둡게 음영을 표현해주고, 폭이 넓은 부분은 선을 흐리게 그려 하이라이트를 표현해준다.
- 스트레이트 헤어와 마찬가지로, 굵은 선으로 헤어의 전체적인 라인을 그려준 후 중간 선, 가는 선의 순서로 디테일한 부분을 그려준다. 이때 선의 길이가 일치하면 부자연스러우므로 길이가 모두 다르게 표현한다.
- 선과 선이 겹치지 않도록 하면 깔끔한 표현이 가능하다(그림 3-14).

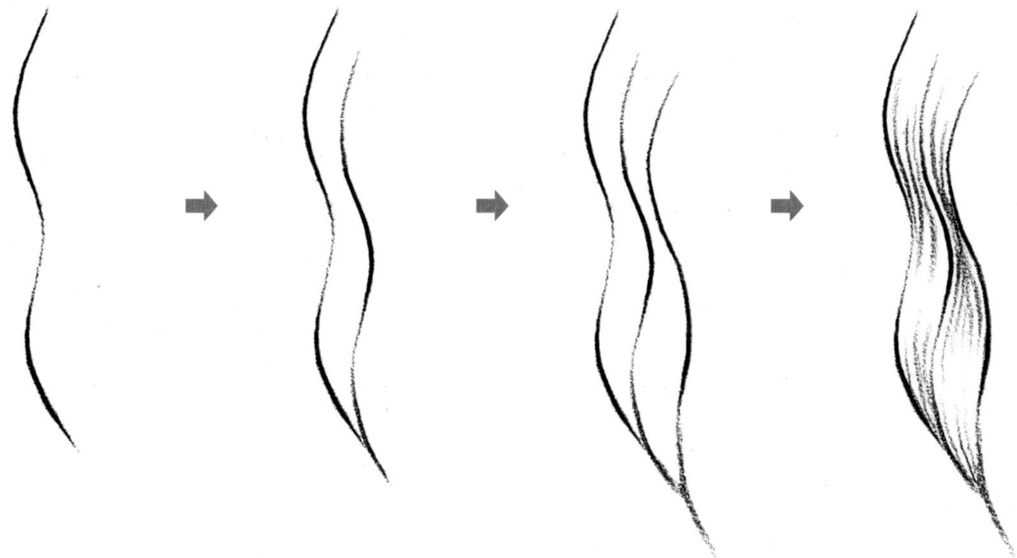

(그림 3-14) 웨이브 헤어 그리는 방법 및 순서

② 그리는 연습

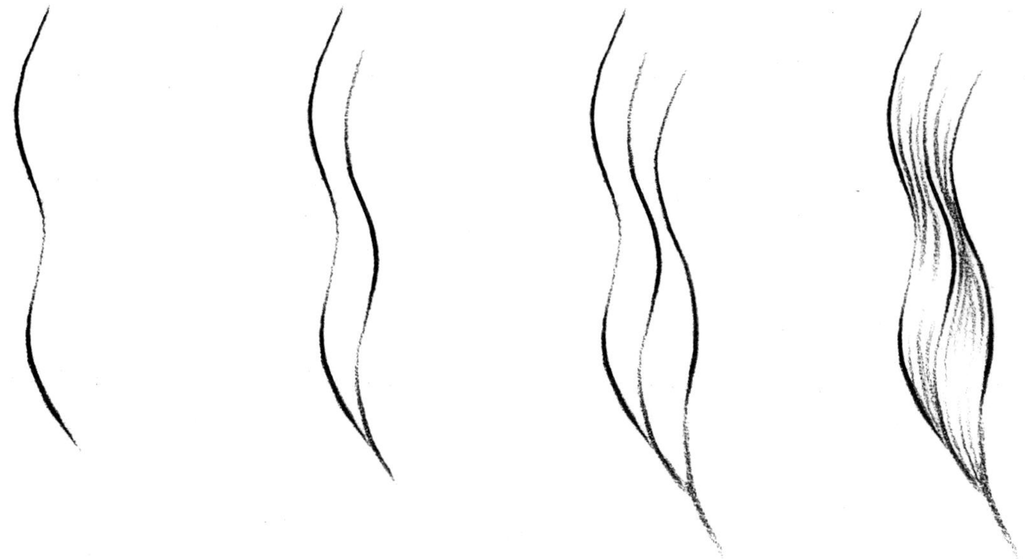

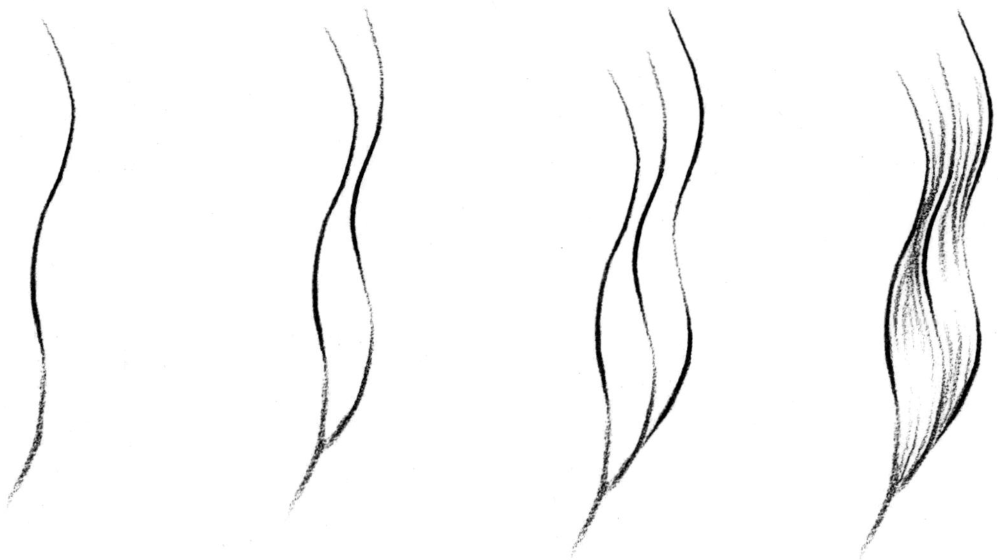

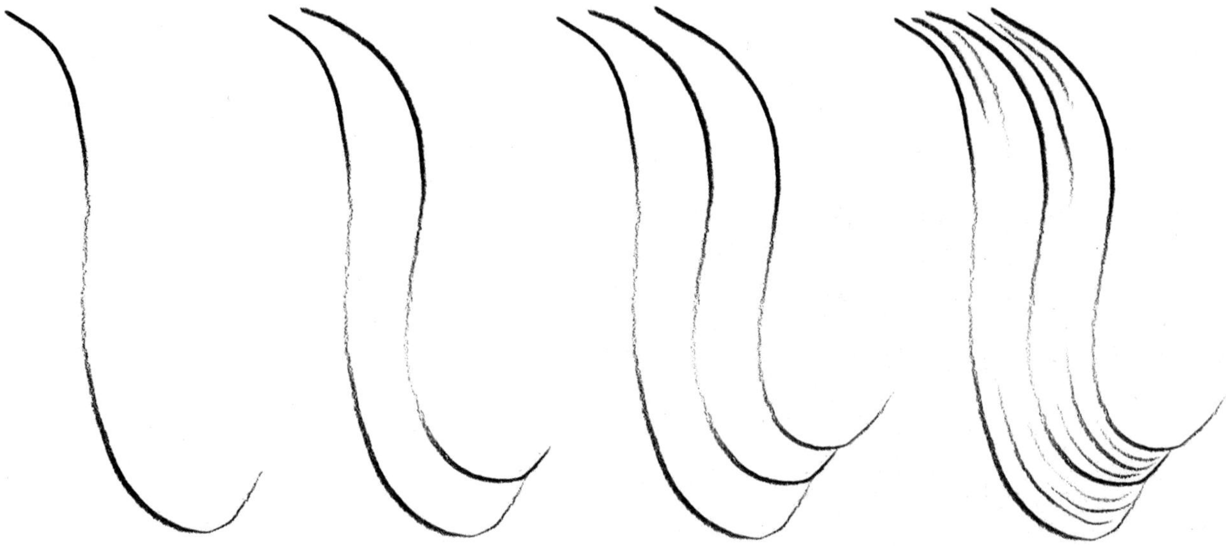

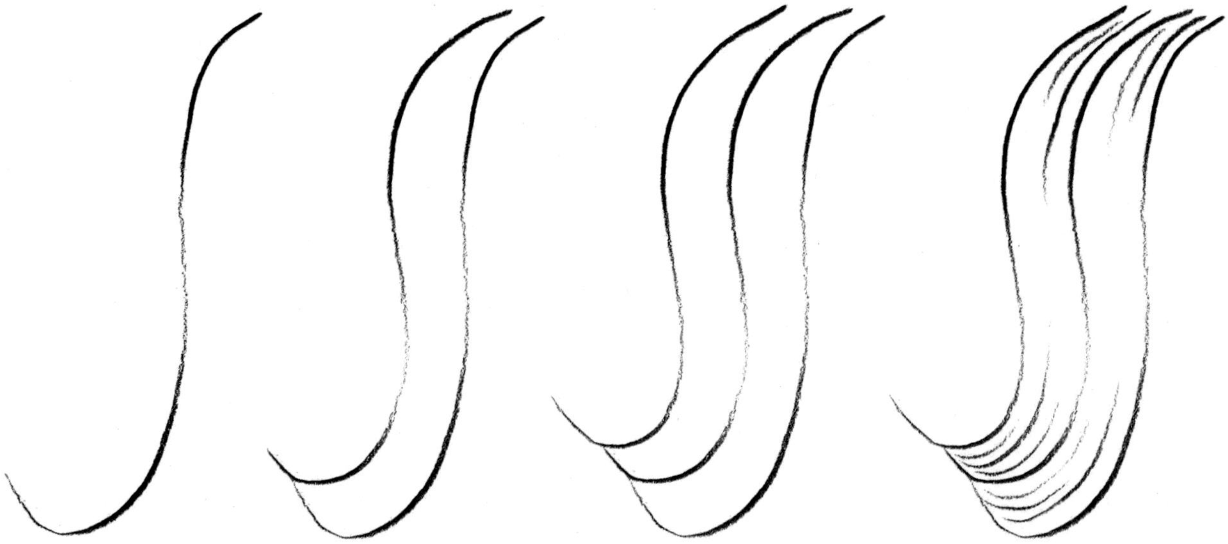

(2) 전체 드로잉

가) 스트레이트 헤어

① 그리는 방법

- 인체의 두상이 구형(球形)이므로 스트레이트 헤어일지라도 정면에서 봤을 때 앞머리는 직선이지만 옆머리는 정수리 부분부터 시작되는 부드럽고 완만한 곡선으로 그려준다.
- 선이 단조롭지 않도록 길이와 굵기, 강약에 차이를 두어 표현해준다.
- 깔끔한 헤어 표현을 원한다면 선들이 서로 교차되지 않도록 한다.
- 헤어 중에서도 뒤쪽 또는 안쪽에 있는 것은 더 진하게 표현하여 음영처리 해준다.

② 그리는 연습

* 트레이싱 페이퍼를 사용하여 스케치한 후, 오른쪽에 붙이세요.

나) 웨이브 헤어

① 그리는 방법

- 부드러운 웨이브 헤어를 표현할 때는 여러 개의 파상선들을 같은 폭으로 일률적으로 그리면 단조롭고 부자연스러워 보이므로 선의 굵기와 강약, 폭을 조절하면서 그려준다.
- 아프리칸-아메리칸African-American의 대표적인 헤어스타일인 아프로Afro를 표현할 때는 전체적으로 코일 형태를 일정하게 하되 머리카락 끝부분은 코일이 풀린 형태를 만들어준다. 코일은 머리결 방향을 따라 두피에서 방사형으로 그려준다.
- 웨이브의 안쪽은 강한 터치로 음영처리해주면 더욱 입체적으로 표현할 수 있다.

② 그리는 연습

* 트레이싱 페이퍼를 사용하여 스케치한 후, 오른쪽에 붙이세요.

다) 업스타일 헤어

① 그리는 방법

- 앞머리를 올린 업스타일up-style을 그리는 경우, 이마의 헤어라인 부분은 약한 선으로 시작하고, 헤어의 방향에 주의한다.
- 업스타일은 헤어의 결과 질감이 많이 부각되는 스타일이므로 세심하게 표현하도록 한다.

② 그리는 연습

1
2
3
4
5
6

* 트레이싱 페이퍼를 사용하여 스케치한 후, 오른쪽에 붙이세요.

라) 숏 컷 헤어

① 그리는 방법

- 선의 길이를 길게 하기 보다는 짧게 하여 경쾌하게 표현한다.
- 선 끝을 약하게 하면 헤어가 가볍게 표현되고, 강하게 하면 헤어가 무겁게 표현되므로 선의 강약을 살려 숏 컷short cut의 단조로움을 피한다.

② 그리는 연습

* 트레이싱 페이퍼를 사용하여 스케치한 후, 오른쪽에 붙이세요.

04

일러스트레이션 **컬러링**

01 연필

(1) 재료의 특징

연필Pencil은 흑연과 점토 등의 원료를 이용하여 만든 것으로, 배합비율에 따라 HB나 4B와 같이 알파벳과 숫자의 조합으로 표시되어있다. 흑연을 많이 함유하고 있으면 부드럽고 색이 진하고 점토를 많이 함유하고 있으면 단단하고 색이 옅다. 'H'는 'Hard'(단단한), 'B'는 'Black'(검은)을 나타낸다. 각각의 농도나 강도에 따라 9H부터 6B까지 17종류가 있는데 미술용으로 4B를 가장 많이 사용한다.

(2) 표현기법

연필은 가장 기본적인 소묘 도구로, 실수를 하였을 때 지우개로 수정이 용이한 장점이 있다. 또한 선의 굵기와 강약 조절, 부드러운 터치와 거칠고 대담한 터치의 사용으로 전혀 다른 분위기를 표현할 수 있다.

연필은 흑백의 명암법을 이용하여 사물과 인체의 입체감을 표현하는데, 가는 선을 여러 번 겹쳐 표현하거나 선을 문질러 부드럽게 그러데이션 되는 효과를 낼 수 있다.

연필은'해칭hatching'이나 '크로스 해칭cross-hatching 기법'을 이용하게 되는데, 해칭이란 균일한 굵기와 간격을 유지하며 선을 그리거나, 가는 선에서 굵은 선까지 간격을 점점 넓히거나 좁혀가며 그리는 방법이다. 해칭으로 처리한 그림은 선 사이로 보이는 종이의 흰색이 대비효과를 주어 더 강렬한 느낌을 주게 된다.

크로스 해칭이란 해칭 기법을 사용하여 선을 그리되 방향을 바꾸어 선이 겹치도록 하는 것으로 선의 망net을 만들어 면을 형성하는 방법이다. 크로스 해칭의 횟수에 따라 명암의 변화를 표현할 수 있다.

<Ga-in> by Eunjung Jung

<solve a stained glass> by Yeji Na

02 색연필

(1) 재료의 특징

색연필Color Pencil은 일반적으로 활석, 왁스, 착색염료 등을 섞어 만든 것으로, 연필과 달리 다양한 색상을 가진다.

그림을 섬세하고 부드럽게 표현하고자 할 때 사용하기 좋은 재료로서, 사용과 휴대가 간편하며 겹쳐 칠하는 횟수에 따라 투명, 반투명, 또는 불투명을 표현할 수 있는 장점이 있다. 그러나 섬세한 작업이 요구되므로 작품을 완성하는데 시간이 소요되는 단점이 있다.

색연필의 종류는 크게 유성 색연필과 수성 색연필로 나뉘는데, 유성 색연필은 부드럽고 유연성 있는 재료로 초크chalk 색연필과 파스텔pastel 색연필이 있으며 수성 색연필은 사용 후 물을 묻힌 붓을 이용하여 수채화의 느낌을 연출할 수 있는 것으로 다양한 질감표현이 가능하다.

(2) 표현기법

색연필 또한 연필과 마찬가지로 '해칭'과 '크로스 해칭 기법'을 사용한다.

일러스트레이션 컬러링시 수채화 물감의 일반적인 표현순서는 다음과 같다.

첫째, 각 부분의 바탕색을 결정하여 전체적으로 얇게 칠하는 해칭 기법을 사용한다.

둘째, 음영부분과 진하게 채색되어야 할 부분에 좀 더 진하게 크로스 해칭 기법을 사용한다.

셋째, 세부묘사 또는 악센트 부분을 진하게 강조한다.

03 파스텔

(1) 재료의 특징

파스텔Pastel은 색이 있는 가루 원료, 점착제, 고무용액을 원료로 한 것으로, 입자가 곱고 불투명한 것이 특징이다.

파스텔은 전체적으로 부드럽고 따뜻한 이미지를 연출하는데 효과적이나, 선을 이용하여 거칠게 표현할 수도 있다. 그러나 세밀한 묘사나 악센트를 표현하기에는 부족하여 붓펜이나 다른 재료를 이용하여 아웃라인을 그려주면 재료의 단점을 보완할 수 있다.

(2) 표현기법

가루가 고와서 작품의 배경에 주로 문지르기 기법을 사용하는데 손, 면봉, 티슈 등을 이용할 수 있다. 너무 진하게 색칠하지 않는 한 지우개로 어느 정도 수정이 가능하며 하이라이트 부분을 지우개로 지워 입체감을 나타낼 수 있다.

작업을 마무리한 후 스프레이spray 형태의 픽사티브fixative를 사용하여 가루날림을 방지하고 작품을 고정시킨다.

La Beauté

Sarah Jessica Parker> by Sooyeon Hahn·Yeji Na

04 수채화 물감

(1) 재료의 특징

수채화 물감Water Color은 안료에 아라비아 검arabic gum을 혼합하여 만든 것으로, 물을 섞어 사용하는 수성 물감이다.

물을 많이 섞으면 맑고 투명한 효과를 낼 수 있고, 물 없이 두껍게 바르면 유화 효과도 낼 수 있어 표현의 폭이 넓은 것이 장점이라 할 수 있다. 또한 파렛트palette에서 색을 다양하게 혼합하여 풍부한 색감을 얻을 수 있다.

반면, 수채화 작품은 마른 후에도 물이 묻으면 지워지거나 얼룩이 지는 단점이 있다.

(2) 표현기법

수채화 기법에 많이 쓰이는 기법에는 'Wet in Wet'과 'Wet on Dry'가 있다. 'Wet in Wet'은 먼저 칠한 색이 마르기 전에 다른 색을 칠하여 두 색상 간의 윤곽선을 흐리는 기법이고, 'Wet on Dry'는 먼저 칠한 색이 마른 후 다른 색을 칠하여 두 색상 간의 단계적인 변화를 표현하는 기법이다.

일러스트레이션 컬러링시 수채화 물감의 일반적인 표현순서는 다음과 같다.

첫째, 밝은 톤으로 물을 많이 섞어 일러스트 전체를 칠한다.

둘째, 중간 톤으로 물을 적당히 섞어 음영부분이나 진하게 표현되어야 할 부분에 덧칠한다.

셋째, 세필을 이용하여 물을 적게 섞어 진한 색으로 세부묘사나 악센트를 주어 완성한다.

<NATURAL> by Min Ryu

05 아크릴 물감

(1) 재료의 특징

아크릴 물감Acrylic Paint은 아크릴 에스테르 수지를 재료로 만든 것으로, 물을 사용하므로 유화물감에 비해 사용이 간편하고 수채화물감 보다도 빨리 말라 여러 번 반복하여 겹쳐 그릴 수도 있다. 그러나 일단 마르면 수정하기가 어려운 것이 단점이다.

물을 많이 사용하여 수채화처럼 투명하게 그릴 수도 있고, 물감을 두텁게 칠해서 최대한의 질감과 입체적인 효과를 나타낼 수도 있다.

(2) 표현기법

아크릴 물감에 사용할 수 있는 회화 기법은 다음과 같다.

첫째, 두껍게 발라 입체성을 표현하는 임패스토Impasto 기법

둘째, 2~3색을 덧칠하여 깊이 있는 색조를 내는 마티블Martible 기법

셋째, 모래나 석고가루 등과 혼합하여 새로운 질감을 생성하는 텍스처Texture 기법

넷째, 아크릴 물감이 접착성이 강하여 톱밥 등 기타 재료들을 콜라주하기 위한 접착제로 사용하는 콜라주Collage 기법

다섯째, 화면에 물을 뿌리고 마르기 전에 물감을 칠해서 번지게 하는 번지기Wet in Wet 기법

여섯째, 인상주의 화가들이 즐기던 점묘법Stippling,

일곱째, 에어브러시를 이용하여 물감을 방사하는 에어브러싱Air Brushing 기법 등이 있다.

05

일러스트레이션
아트기법

01 신인상주의의 점묘법

(1) 개념과 특징

19세기 말에 프랑스에서 조르주 쇠라Georges Seurat와 폴 시냑Paul Signac 등을 중심으로 행해진 점묘주의 이론이다. 신인상주의라는 용어는 인상주의의 기법을 과학적으로 더욱 발전시키고 동시에 인상주의의 경험적 사실주의에 반발하여 고전주의적 정신의 부활을 꾀한다는 기치 하에 쇠라가 1884년 5월의 앙데팡당전에 출품한 〈아스니에르에서의 목욕〉을 보고 평론가 페네옹Felix feneon은 쇠라와 같이 광선과 색채를 체계적으로 구사한 미술을 신인상주의Neo-Impressionnnisme라고 명명하였다.

쇠라는 과학적 접근 방법으로 순수하고 정확한 색채분할로 화면을 창조하고 기하학적 체계를 적용시키려고 하였다. 〈일요일 오후의 그랑 자트 섬〉(그림 5-1)에서 쇠라가 적용한 하나하나의 터치는 아직 완전한 점묘는 아니며 약 1cm정도로 규격화된 것이다. 각 터치는 수직, 수평, 곡선으로 병렬되거나 사선으로 엇갈리게 적용되어 마치 색채분자와 같은 기능을 한다. 〈그랑자트〉 이후의 작품에서 쇠라는 누드, 교외 풍경, 카바레, 서커스의 장면을 다루었는데 대낮의 광선과는 성격이 다른 실내광선이나 인공조명의 효과가 새로운 관심사였다. 〈퍼레이드〉는 가스등이 켜진 방의 모습으로, 붓터치는 이제 완전히 규칙적인 점이 되었고 화면은 엄격하고 수학적인 조화를 추구하게 된다.

쇠라와 함께 신인상주의 미술이념에 가장 큰 역할을 한 화가는 폴 시냑이었다. 쇠라의 세밀한 점묘법을 모자이크와 같은 네모의 색채로 확대시켜 색채 대조를 강화시키고 엄격한 구성체계를 고집하였다(그림 5-2).

신인상주의는 마티스를 비롯한 야수주의 대부분의 화가들과 피카소Pablo Picasso, 들로네Rodert Delaunay, 칸딘스키Vassily Kandinsky, 그리고 미래주의 작가들의 초기작품에 많은 영향을 주었다.

이러한 붓의 터치나 세밀한 점묘법을 이용한 구성체계는 일러스트레이션이나 메이크업에서 점이나 선, 면을 강조한 아트적인 표현으로 많이 활용되고 있다.

(그림 5-1) 조르주 쇠라 〈일요일 오후의 그랑 자트 섬〉

(그림 5-2) 폴 시냑 〈우산을 쓴 여인〉

(2) 작품

02 미래주의의 콜라주

(1) 개념과 특징

미래주의Futurism는 일반적으로는 현존하는 것을 넘어 과학적 기술적 진보에 관한 생각을 말한다. 그러나 미래주의는 특수한 기술적 발전뿐만 아니라, 과거로부터의 압력을 거부하는 태도와 진보에 대한 고도로 정치화한 철학을 내포하고 있다.

1909년 1월 이탈리아의 시인 필리포 토마소 마리네티Filippo Tommaso Marinetti가 『르 피가로Le Figaro』에 「미래주의 창립선언Manifeste de Futurisme」을 발표하면서 창안한 미래주의는, 예술뿐 아니라 생활 전반에 걸친 사고의 변화를 꾀하면서 대중 속에 파고들어 기존의 가치와 문화를 혁신하고자 한 아방가르드Avant-garde 운동이었다.

미래주의 작가와 화가들은 과거의 것, 낡은 것을 현대화의 걸림돌로 여기며 새로운 것, 속도, 기계, 도시, 전쟁을 찬양하고 기계미와 역동성에 대한 찬미를 보여주었다. 그리고 거기서 영감을 얻어 현대성에 관한 정치적 예술과 이데올로기를 창조하기에 이르렀다.

대표적인 미래주의 예술가들 중 입체주의 화가인 루이지 루솔로Luigi Russolo는 〈자동차의 다이내미즘〉(그림 5-3)에서 차의 속도감과 역동성을 표현하였고, 카를로 카라Carlo Carra는 〈무정부주의자 갈리의 장례식〉(그림 5-4)에서 입체주의 파편화의 방법으로 형태 분해, 순간적 집단의 흥분과 감정적 동의를 형태의 반복과 명암의 대조, 움직임을 시사하는 대각선의 막대기, 붉은 색채로 표현하였다. 또한 〈집으로 밀려드는 거리의 소음〉(1911), 〈애국적 선언〉(1914)에서는 피카소와 블라크Georges Braque의 콜라주collage를 응용, 활자의 콜라주가 탄탄한 조형적 구성으로 사용되었다.

콜라주는 '풀로 붙이다', '바르다'라는 뜻의 프랑스어 '콜레coller'에서 유래된 말로, 미술에서는 화면에 인쇄물, 천, 쇠붙이, 나무 조각, 모래, 나뭇잎 등 여러 가지 물질을 붙여 구성하는 기법이다.

건축가 안토니아 산텔리아Antonia Sant'Elia는 1914년 미래주의 건축선언을 발표하면서 새로운 구조적 창안들에 맞추어 디자인된 대도시를 제시하였는데, 과거에 사용했던 목재, 벽돌, 석재 대신 기계공학의 새로운 재료인 철근 콘크리트, 철재, 유리 등을 사용하였다.

이처럼 미래주의 예술은 기존 사고방식의 틀에서 벗어나 새롭고 창조적인 진보를 위한 예술, 즉 형태와 색채, 재료, 기법에 있어서의 변화와 혁명을 의미한다고 할 수 있다.

뷰티 일러스트레이션에서 미래주의는 헤어, 의상 부분에 헤어피스hair piece, 패브릭Fabric, 큐빅cubic 등을 콜라주하여 표현할 수 있다.

(그림 5-3) 루이지 루솔로
〈자동차의 다이내미즘〉

(그림 5-4) 카를로 카라
〈무정부주의자 갈리의 장례식〉

(2) 작품

03 초현실주의의 데빼이즈망

(1) 개념과 특징

초현실주의Surrealism는 지르문트 프로이드Sigmund Freud의 정신분석의 영향을 받아 무의식의 세계, 꿈과 환상의 세계를 표현하는 예술사조이다. 1924년 앙드레 브르통Andre Breton이 「쉬르레알리즘 선언」 이후 초현실주의 연구소의 기관지 『초현실주의 혁명』에서 정신의 무의식적 활동의 해방으로 새로운 인권선언에 도달하는 것을 말하면서 오토마티즘automatism에 의한 텍스트와 꿈의 서술 그리고 키리코, 피카소, 만 레이Man Lay, 앙드레 마송Andre Masson 등의 그림과 데생을 내용으로 다루었다.

오토마티즘은 자동기술법이라고도 하는데, 미술 영역에서는 자동적 소묘라 하여 외계와 관계를 맺지 않고, 무념무상 상태에서 순수하며 무한한 현상을 무의식의 정신 현상으로 표현하는 방법이다. 초현실주의에 있어서 오토마티즘은 다다이즘Dadaism의 우연의 법칙에서 발전, 확대되고 추상적 형태성이 부여되었다. 막스 에른스트Marx Ernst에 의해 시작된 프로타주frottage(그림 5-5), 데칼코마니decalcomanie 등이 여기에 속한다. 프로타주는 나뭇잎 등을 종이에 대고 목탄이나 연필로 위에서 문지르면 무늬가 베껴 나오는 기법이고, 데칼코마니는 종이 위에 그림물감을 칠하고 다른 종이를 덮어 위에서 누르거나 문지른 다음 떼어내면 기이한 형태의 무늬가 생기는 방법이다.

1926~1927년 사이에 살바도르 달리Salvador Dali, 르네 마그리트Rene Magritte의 등장으로 초현실주의는 전환점을 맞이하게 되는데 그들은 오브제object끼리의 만남이 아니라 이미지들 상호간의 만남을 사용한 새로운 기법, 즉 시각적 착시를 불러일으키는 트롱프뢰유trompe-l'oeil 기법을 사용하였다.

또 다른 기법으로 데빼이즈망depaysement이 있는데, 데빼이즈망은 전위 전치법 또는 병치 등의 의미로 사용되며 이는 물체가 놓여있던 본래의 질서나 배경에서 떼어내어 전혀 다른 엉뚱한 장소에 놓음으로서 보는 이로 하여금 이질적 상황으로 인한 심리적 충격을 일으키게 하는 방법이다(그림 5-6).

초현실주의는 패션뿐 아니라 헤어와 메이크업 아트 분야에서도 가장 많은 시도가 이루어지는 예술사조로, 뷰티 아티스트에게 다양한 영감을 불러일으키고 창조적인 작업을 완성시키키는 중요한 요소라고 할 수 있다.

(그림 5-5) 막스 에른스트 〈숲의 비밀〉

(그림 5-6) 르네 마그리트 〈콜렉티브 인벤션〉

(2) 작품

Design by Eunseo Kim

Icheon
Festival
이천장호원복숭아축제
이천백사산수유꽃축제
이천도자기축제
이천쌀문화축제

<HIDE OUT> by Minjoo Kang

BIG
NONSENSE

06

일러스트레이션
디지털기법

01 Adobe Illustrator CC 프로그램과 화면 구성

Adobe Illustrator는 벡터 그래픽을 사용하는 컴퓨터그래픽 프로그램이다. 이미지의 구조선인 선, 면, 도형이 수학적인 데이터로 처리되어 표현되는 벡터 그래픽은, 이미지를 확대하거나 축소해도 이미지가 깨지지 않고 고품질로 유지시킬 수 있다는 장점이 있다. 흔히 포토샵으로 대표되는 비트맵 그래픽이 최소단위인 픽셀 각각의 색상 정보에 따라 이미지를 구현하는 것과는 달리, 벡터 기반으로 그래픽을 제작하므로 정교하고 깨끗한 형태로 그릴 수 있다. 인쇄물, 웹, 멀티미디어 등 여러 매체에서 사용되어 로고, 마크, 캐릭터 등을 그릴 때 많이 사용된다.

Adobe Illustrator CC(Creative Cloud)는 크리에이티브 클라우드 라이브러리를 통해 사용자가 사용하는 도구를 쉽게 이용할 수 있는 장점을 가진다. Adobe Illustrator CC를 실행하면 다음과 같은 화면이 나타난다.

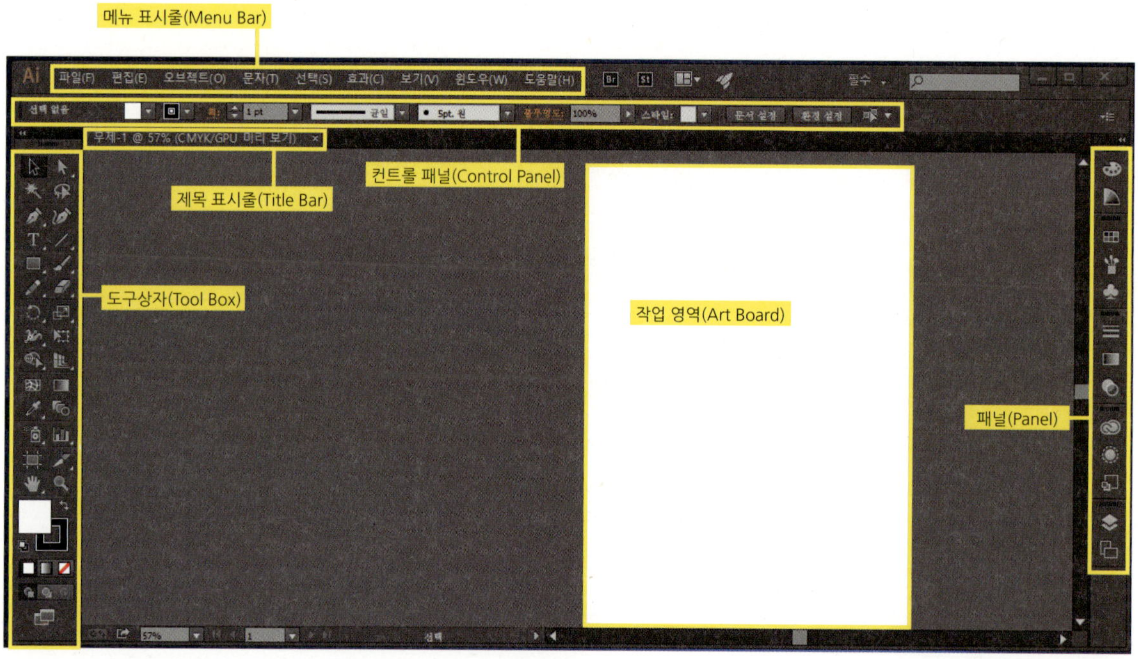

메뉴 표시줄(Menu Bar)에는 파일(File), 편집(Edit), 오브젝트(Object), 문자(Type), 선택(Select), 효과(Effect), 보기(View), 윈도우(Window), 도움말(Help)의 메뉴가 있다. 아랫줄의 컨트롤 패널(Control Panel)은 작업 중 사용하고 있는 기능의 옵션을 선택할 수 있는 것이며, 그 아래 제목 표시줄(Title Bar)에는 현재 작업하고 있는 파일의 이름이 나타난다. 작업 영역(Art Board)은 실제 작업하는 공간으로 출력할 때는 작업 영역만이 프린트된다.

도구상자(Tool Box)는 선택과 드로잉, 자르기 등 이미지를 그리거나 자르고 편집할 수 있는 아이콘이 모여있는 곳이다. 각 아이콘 아래 있는 세모꼴 형태를 누르면 숨은 아이콘들을 볼 수 있다. 또한 오른쪽 수직으로 자리한 패널(Panel)은 원하는 기능을 손쉽게 사용할 수 있도록 모아놓은 공간으로, 원하는 방식대로 설정하여 사용할 수 있다. 도구상자의 아이콘에 커서를 가까이 가져가면, 각 명칭들을 알 수 있다. 본 교재에서 뷰티 일러스트를 위해 자주 사용하는 아이콘들을 중심으로 살펴보면 다음과 같다.

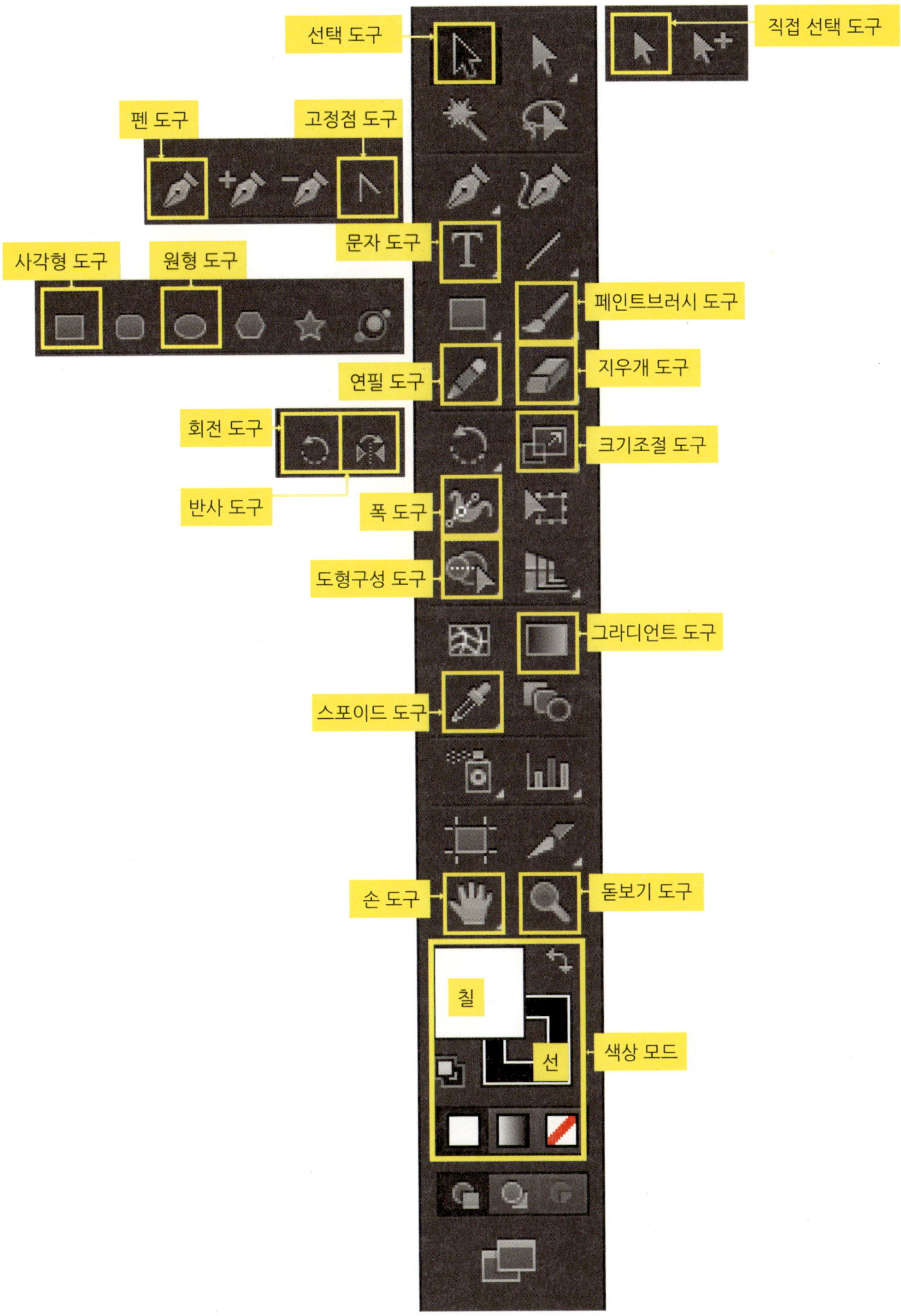

선택 도구(단축키 V)는 오브젝트(Object)를 선택할 때, 그리고 직접 선택도구(단축키 A)는 고정점(Anchor point)이나 패스(Path)를 직접 선택할 때 사용한다. 펜 도구(단축키 P)는 고정점을 클릭하고 연결하여 패스를 그릴 때 사용하며, 고정점 도구(단축키 Shift+C)는 각각의 고정점을 변환시켜 패스를 곡선, 또는 직선으로 바꾸거나 고정점의 핸들을 조정할 수 있다. 문자 도구(단축키 T)는 문자를 입력할 때 사용하며, 도형 도구 중 사각형 도구(단축키 M)와 원형 도구(단축키 L)는 사각형이나 원형을 그릴 때 사용한다. 페인트브러시 도구(단축키 B)와 연필 도구(단축키 N)는 드로잉을 자연스럽게 할 때 사용하며, 지우개 도구(단축키 Shift+E)를 사용하여 필요 없는 부분을 지울 수 있다.

회전 도구(단축키 R)와 반사 도구(단축키 O), 크기조절 도구(단축키 S)는 선택한 오브젝트를 변형할 때 사용하며, 폭 도구(단축키 Shift+W)는 패스의 획의 두께를 변형하고 도형구성 도구(단축키 Shift+M)는 겹쳐진 오브젝트 간에 도형을 구성할 수 있게 만든다.

그라디언트 도구(단축키 G)는 선형 또는 방사형으로 점진적인 색의 변화를 표현하며, 스포이드 도구(단축키 I)는 기존의 칠, 색, 두께 등을 동일하게 적용하여 표현할 수 있다. 손 도구(단축키 H)는 원하는 곳으로 화면을 이동시키는 기능을 하는데, 키보드의 스페이스 바를 눌러도 사용할 수 있다. 돋보기 도구(단축키 Z)는 화면을 확대 또는 축소하여 작업할 수 있게 해준다. 단축키를 사용하면 마우스를 일일이 움직이지 않고 키보드를 사용하여 작업의 속도를 올릴 수 있다.

색상 모드는 칠과 색을 선택하는 기능을 한다. 칠 또는 색을 활성화하여 더블 클릭해서 원하는 색을 직접 적용할 수 있으며 패널의 견본 창에 있는 팔레트에서 원하는 컬러, 그라디언트, 패턴 등을 클릭할 수도 있다. 빨간색 사선은 칠 또는 색이 없는 경우를 의미한다.

02 Adobe Illustrator CC 프로그램의 적용

(1) 페이스 차트와 메이크업 디자인 제작

페이스 차트와 메이크업 디자인 제작 방법은 다음과 같다.

① 파일에서 새 파일을 열고(Ctrl+N) 손그림의 페이스 차트를 가져온다.

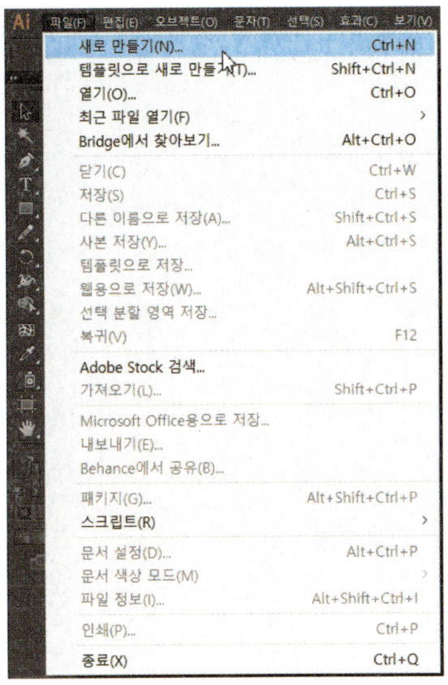

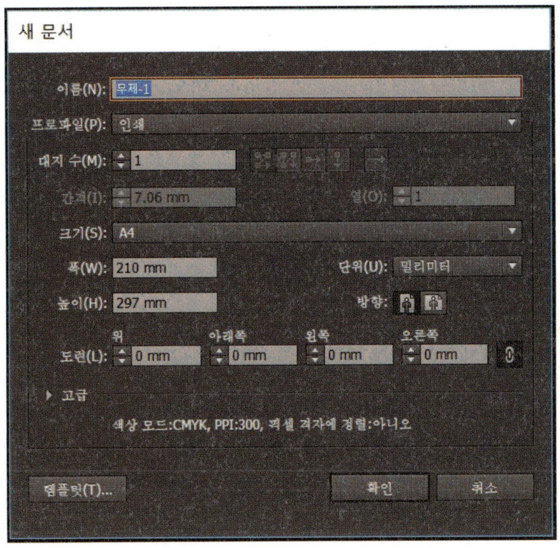

밑그림으로 손으로 그린 페이스차트를 가져오고, 가져오기 대화창에서 연결을 체크하지 않고 확인을 클릭한다(밑그림 파일을 문서에 포함시키기 위해서이다).

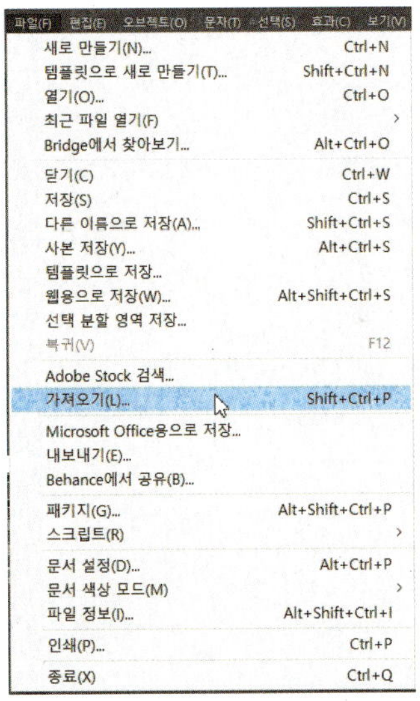

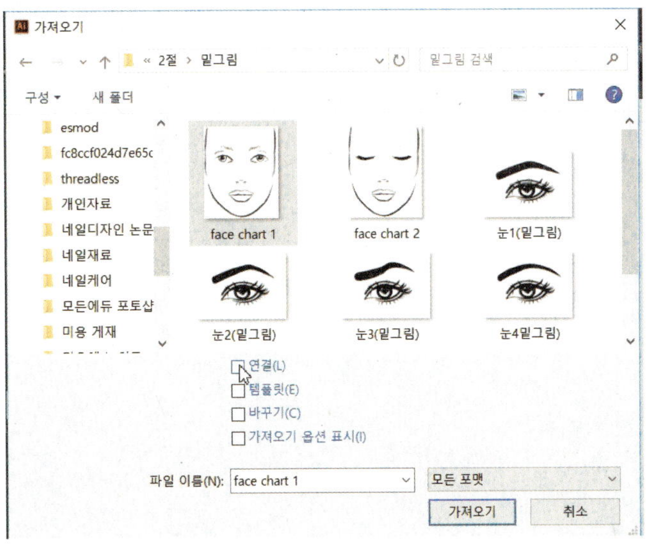

확인을 누르고 커서를 작업영역에 가져가면 작은 밑그림 형태가 커서에 따라오게 되는데, 원하는 곳에 치시키고 클릭하면 밑그림이 문서에 붙여지게 된다.

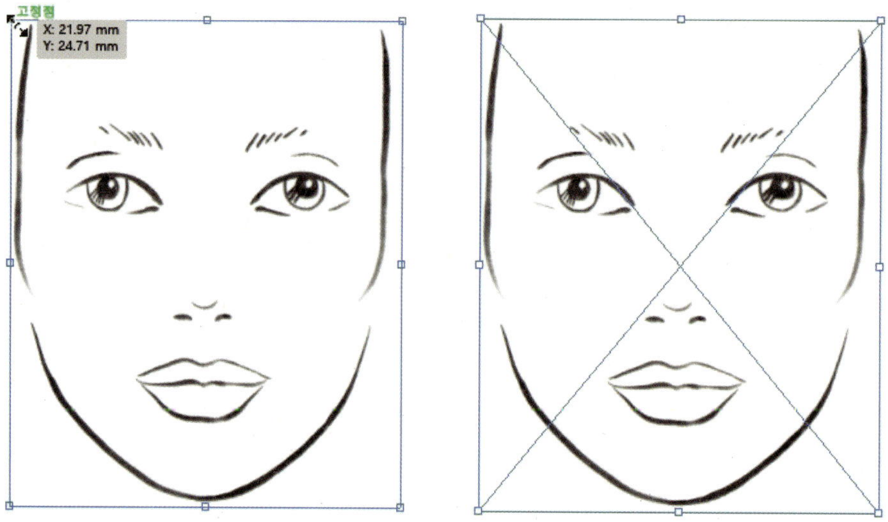

이 때 붙여진 밑그림에 오른쪽 예시와 같이 대각선으로 X자 표시가 있으면 문서에 포함되지 않은 채 연결만 되어있다는 표시이다. 차후 밑그림 파일을 옮겨 저장하거나 삭제하면 찾을 수 없는 경우가 생기므로 문서에 포함시키도록 한다.

② 밑그림이 들어있는 레이어를 잠근 후 새 레이어를 연다.

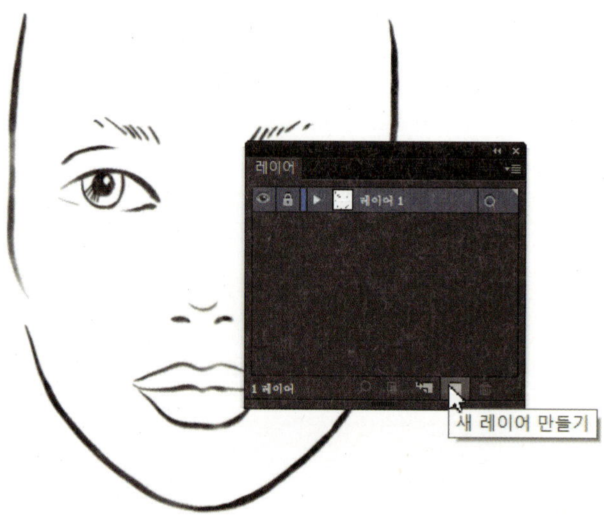

레이어 2의 이미지에 따라 형태를 펜 도구( )로 그린다. 자연스러운 느낌을 주기 원한다면 태블릿이나 페인트브러시 도구( )나 연필 도구( )를 사용해도 좋다.

마우스를 사용하여 펜 도구를 사용한 경우에는, 일단 눈에 띄는 색으로 선을 정하고 색은 없게 한다( ). 먼저 원하는 점에 클릭하여 고정점을 만든다. 이 때 커서의 모습은 펜 도구 옆에 별 표시(*)가 되어있는 상태이다. 이어서 다른 점을 클릭한 후 마우스를 놓지 않은 상태에서 곡선의 각도를 조정한다. 고정점 주변에 핸들이 생기면서 곡선의 각도를 조정할 수 있다. 다시 그 고정점을 클릭하면 펜 도구 옆에 ^자 형태가 생기는데, 이 상태에서 고정점을 클릭하면 핸들 중 하나가 없어지면서 자유롭게 곡선의 각도를 조정할 수 있다. 다시 다른 점을 클릭하여 곡선을 이어간다. 원하는 모양대로 그려지지 않은 경우 undo(Ctrl+Z)하여 다시 그릴 수 있다. 곡선을 다 그리고 마칠 때는 Enter 키를 친다.

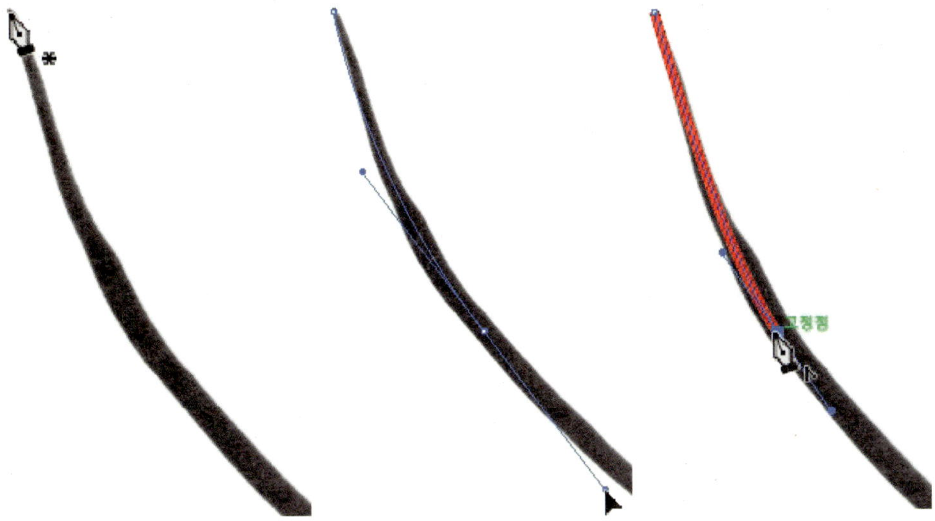

③ 페이스 차트의 경우 좌우 대칭이므로 한 쪽만 그려서 반사하여 복사할 수 있다. 보기〉오른쪽 얼굴 윤곽과 눈, 코, 입 부분을 모두 펜 도구로 그린다. 필요하다면 눈동자 부분은 도형도구 중 원형도구( )를 사용한다.

④ 그린 모든 부분을 선택( )하여 반사( ) 복사한다. 복사된 부분을 방향 키로 옮겨 적당한 장소로 가져다 놓는다. 레이어 1 부분의 눈을 클릭하고 안 보이게 한 다음 이제까지의 작업을 확인한다.

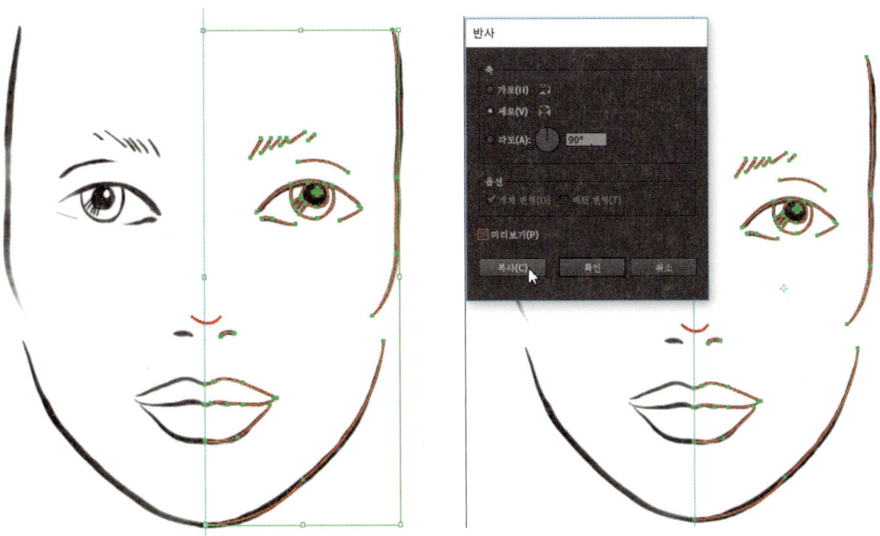

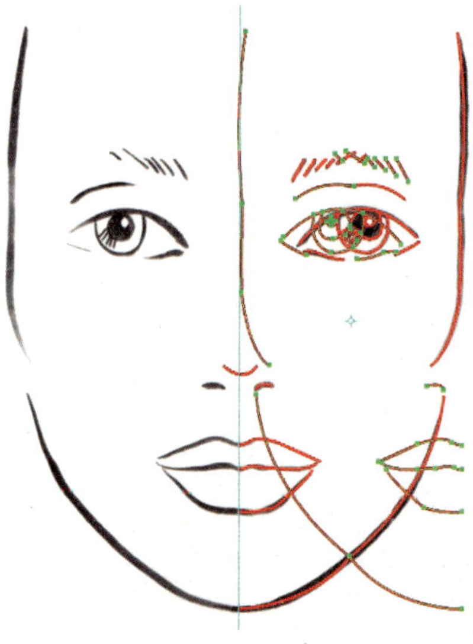

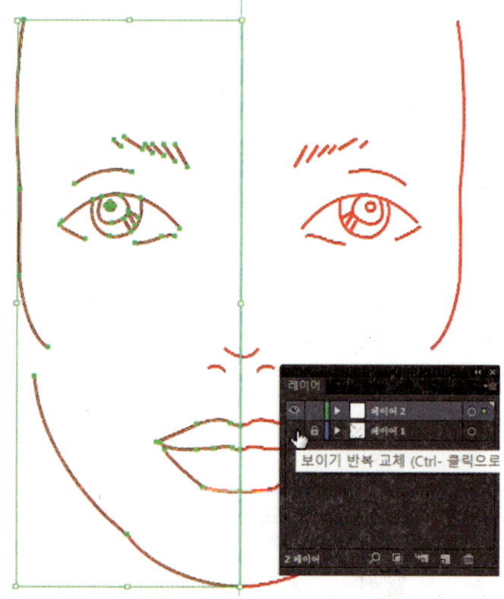

⑤ 패널의 브러시 도구( )를 적용해서 선이 자연스럽게 표현되도록 조정한다. 예시에서는 "5pt 타원" 브러시를 사용하였다.

이외에도 브러시 창 하단의 브러시 라이브러리>예술>예술–붓글씨에서 적당한 브러시를 선택하여 사용할 수 있다.

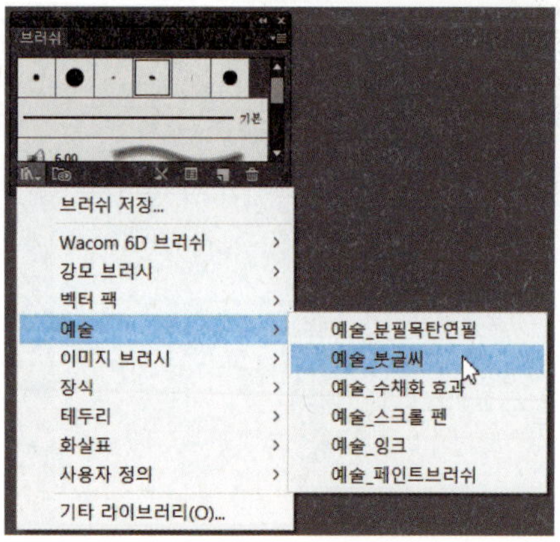

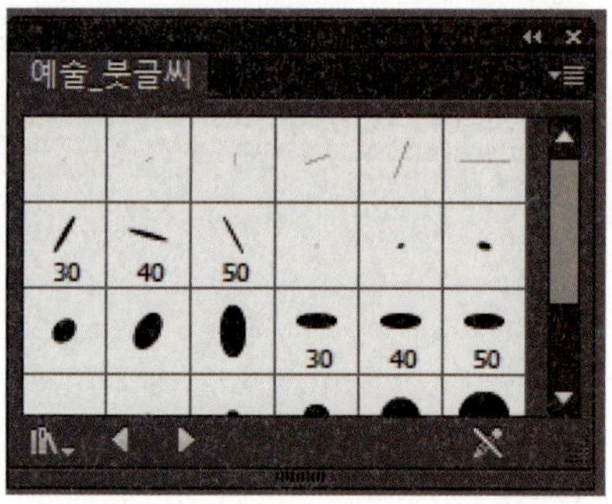

⑥ 레이어 창에서 얼굴선 부분을 복사하고(Ctrl+C) 잠근 뒤 다시 새 레이어를 연다. 새 레이어에 Ctrl+F하여 "앞으로 붙이기"하게 되면, 정확하게 같은 부분에 복사된다.

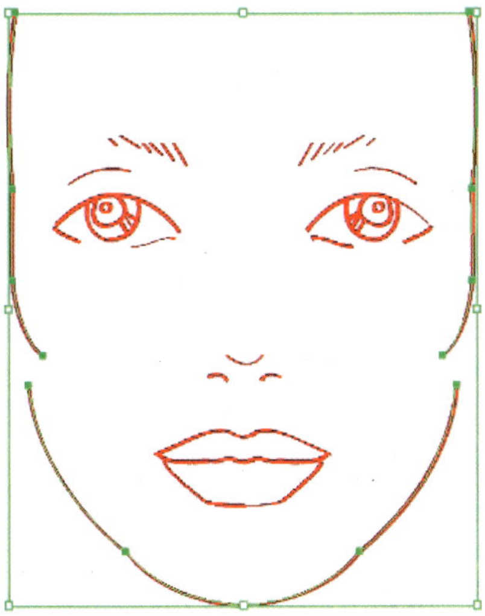

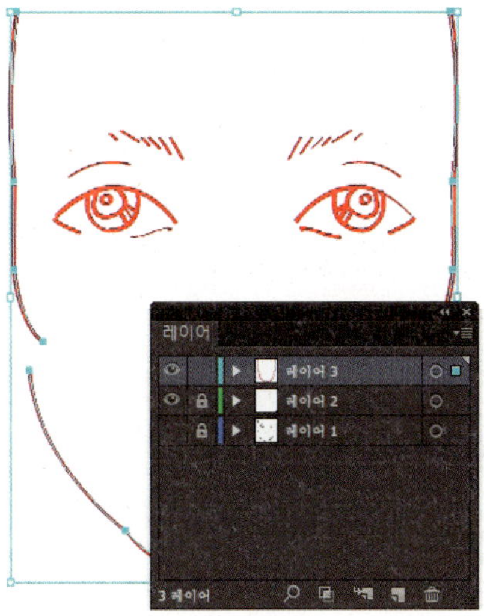

얼굴 윤곽의 패스를 연결시킨다. 광대뼈 부근 선과 얼굴 옆선을 선택하여 오른마우스를 눌러 연결(Ctrl+J)시키고 이어서 오른쪽 부분 모두를 연결짓는다.

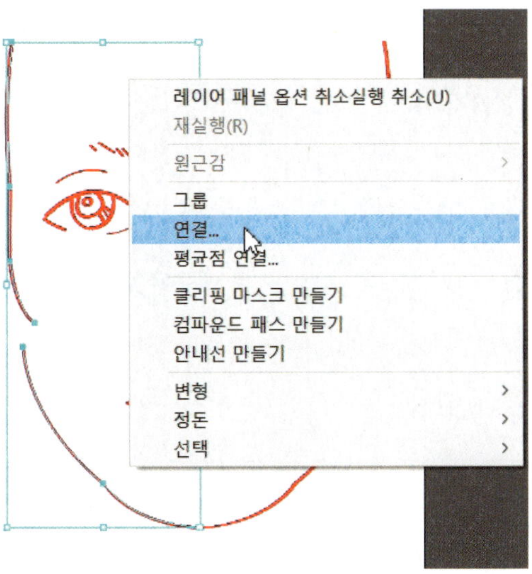

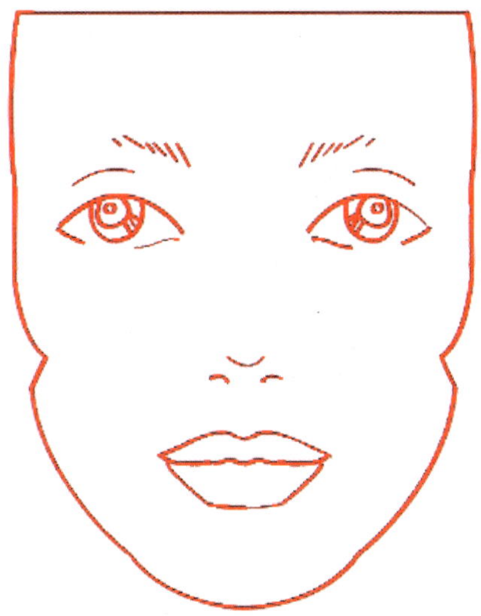

이마 부분은 고정점 도구( )를 사용하여 둥글게 표현해도 좋다. 이후 얼굴 부분의 선은 없게 하고 칠은 피부색으로 바꾼다( ). 패널에 있는 견본( ) 창 하단의 견본 라이브러리〉피부 톤을 참고하면 다양한 피부 톤의 색을 찾아볼 수 있다.

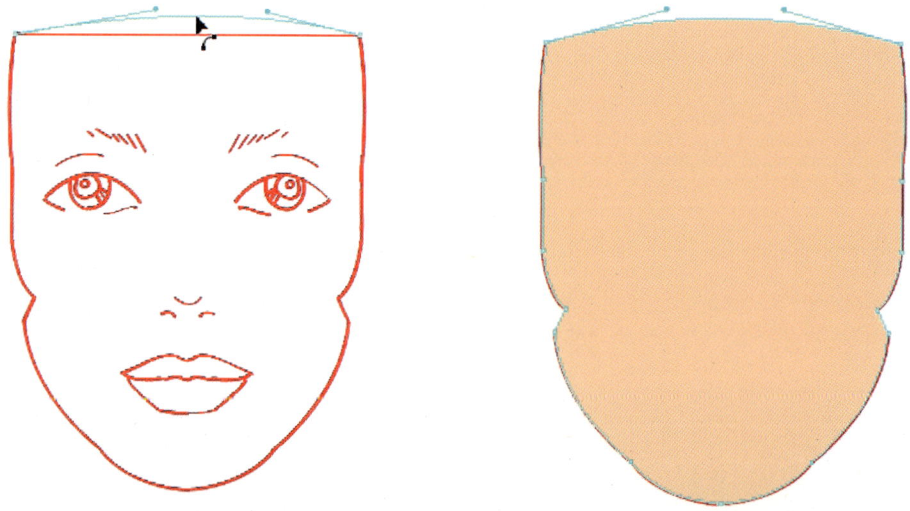

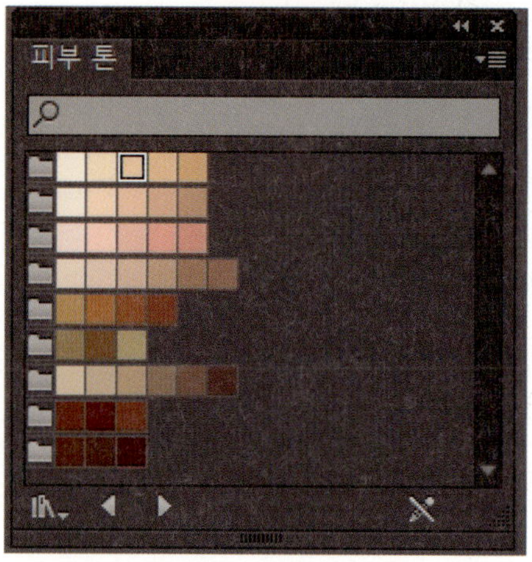

레이어 창에서 레이어 3을 레이어 2의 아래로 끌어내려 눈, 코, 입이 보이도록 한다.

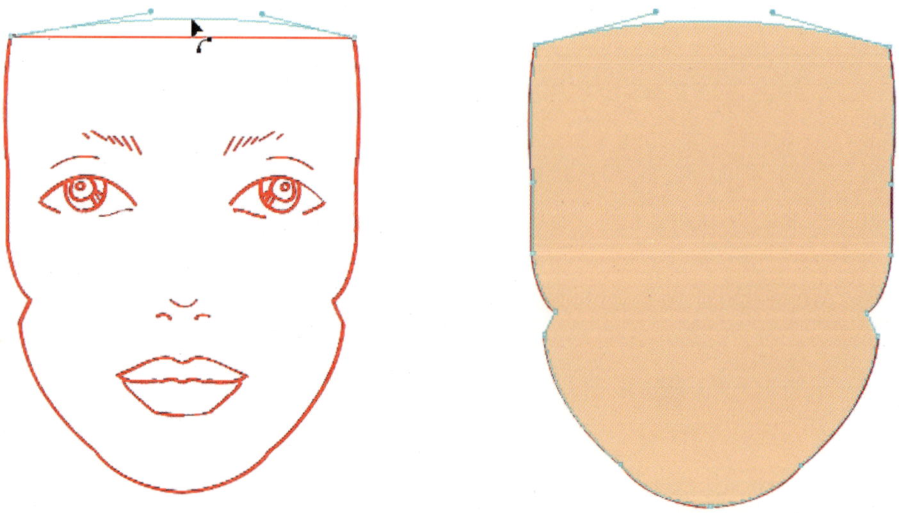

⑦ 피부색이 표현된 부분을 선택한 상태에서 오브젝트>그라디언트 망 만들기를 클릭한다. 행과 열의 수를 4 정도로 놓고 강조되는 정도를 조정하여 어느 정도 음영이 표현되도록 한다.

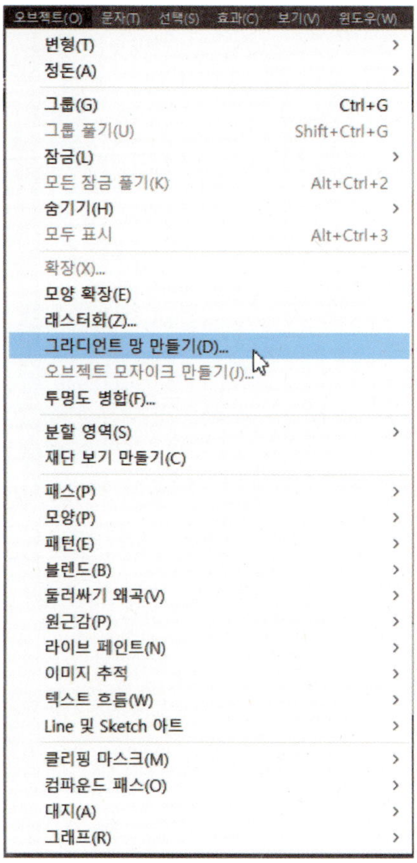

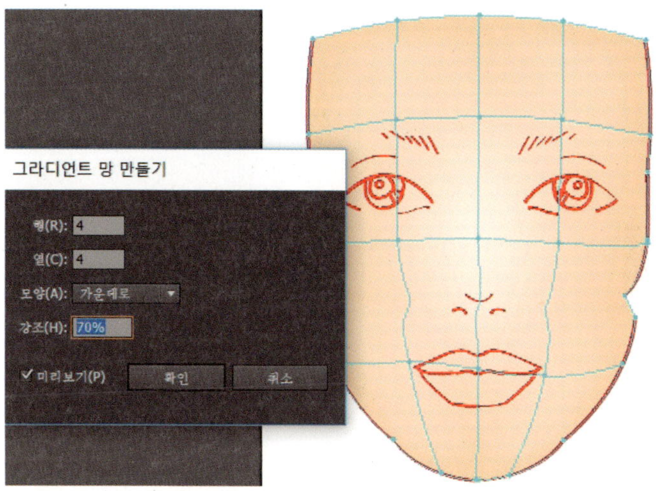

⑧ 레이어 창에서 새 레이어를 열어 메이크업 디자인을 한다. 눈썹과 아이셰도, 치크, 립 부분에 컬러나 그라디언트를 넣고 효과를 주어 적당한 메이크업으로 표현할 수 있다. 첨부된 페이스 차트를 사용하여 다양한 메이크업 디자인을 해 보자.

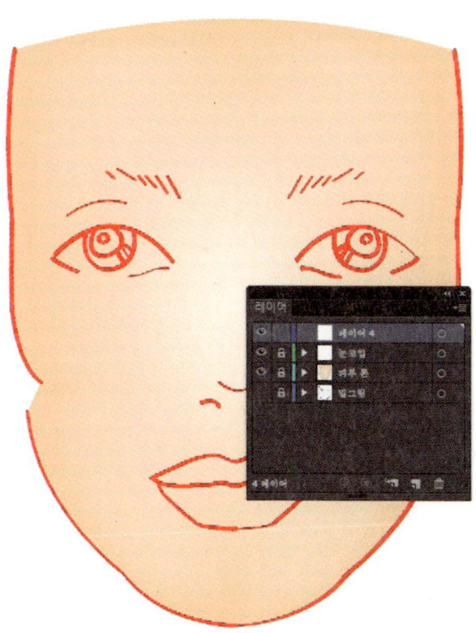

⑨ 아이브로우를 표현할 때는 먼저 펜 도구로 그리고자 하는 눈썹의 중심 부분을 그린다.

획 창( )을 열고 옵션을 표시한 후, 두께와 단면, 모퉁이, 프로파일을 적용한다.두께는 눈썹의 앞부분이 채워질 정도로 두고, 둥근 단면, 둥근 모퉁이를 적용한다. 프로파일은 "폭 프로파일 4"를 선택하여 앞부분은 두껍고 끝으로 갈수록 가늘어지는 획을 선택한다.

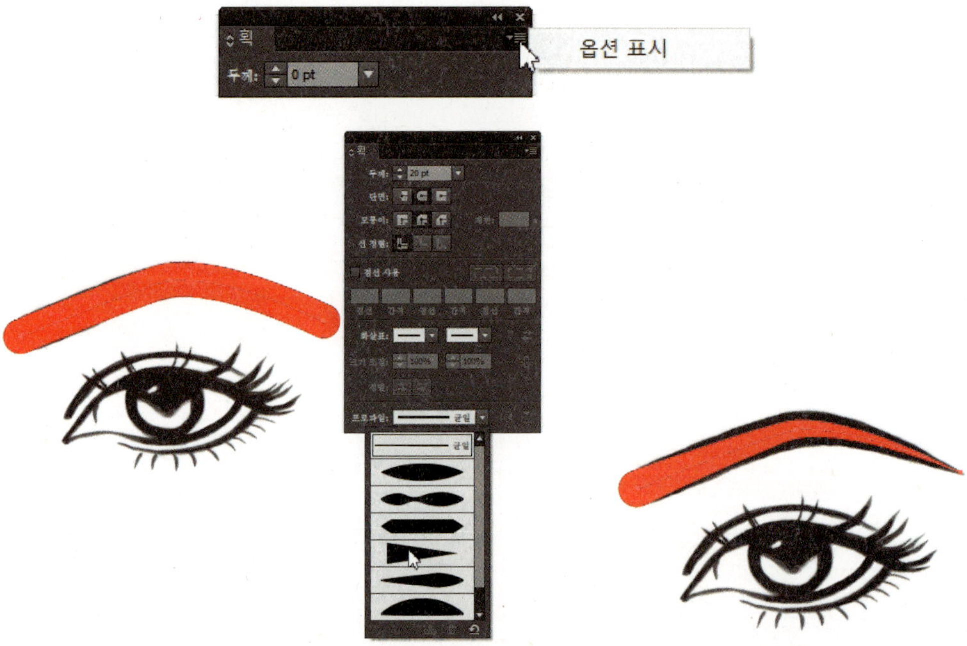

폭 도구( )를 사용하여 적절한 폭으로 바꾼다. 폭 도구를 클릭한 후 넓히고자 하는 부분의 중심선을 클릭한 상태에서 드래그해서 넓히고자 하는 부분까지 당기면 된다.

획 창을 열어 "사용자 정의"의 새로운 프로파일을 확인한다. 하단의 "프로파일에 추가"를 눌러 새로운 "가변 폭 프로파일"의 이름을 적어넣고 확인을 눌러 새로운 프로파일로 만든다. 일단 만든 프로파일을 아치형이 아닌 다른 눈썹 모양에도 적용할 수 있다.

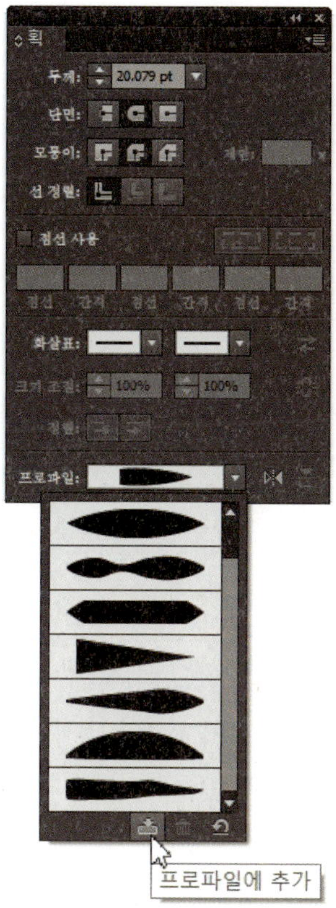

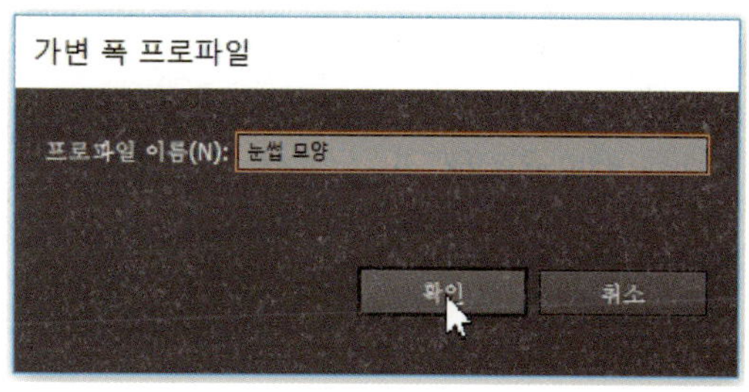

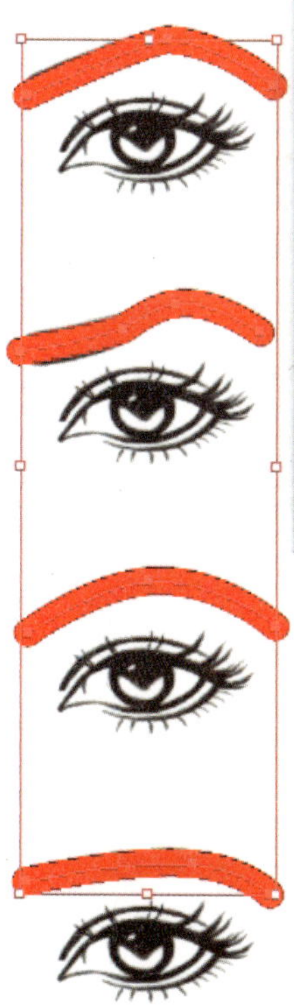

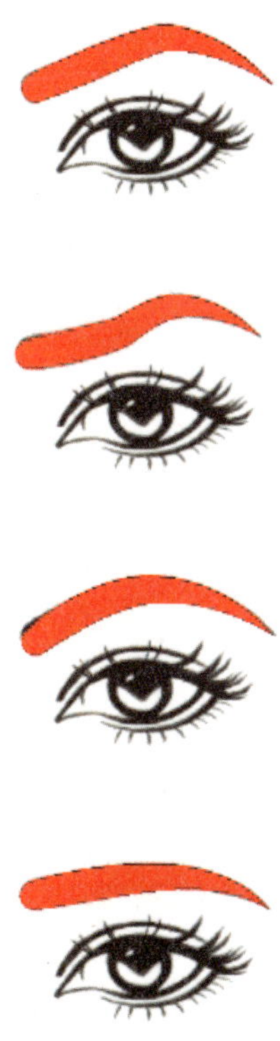

⑩ 아이섀도를 표현할 때는 연필 도구( )를 사용하면 편리하다. 우선 앞서 작성한 페이스 차트에 아이브로우를 적용한 뒤, 연필 도구로 베이스 컬러가 적용될 부분을 그린다. 연필 도구는 마우스를 클릭하여 고정점을 찍고 패스를 연결하는 펜 도구와는 달리, 마우스의 움직임에 따라 임의의 고정점을 만들 수 있다. 연필 도구 옆에 별(*) 표시가 있으면 새로운 패스가 그려진다는 뜻이며, 별 모양이 없는 연필 도구를 기존의 선택된 패스에 가까이 하여 클릭한 후 수정할 수 있다.

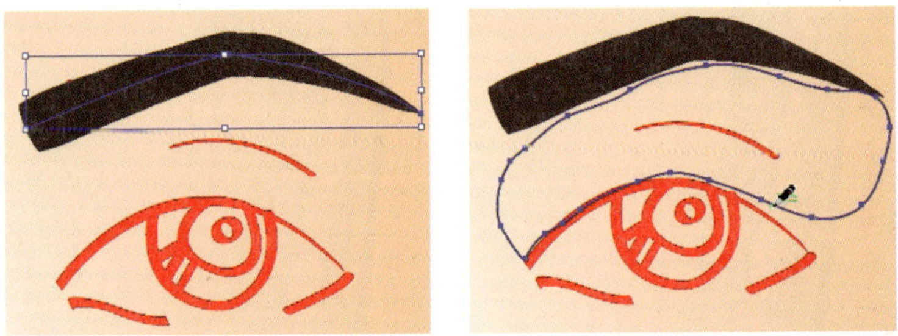

베이스 컬러를 적용한 후, 색이 퍼지는 효과를 위해 메뉴 바의 효과>스타일화>페더에서 적절한 값을 넣고 확인을 누른다.

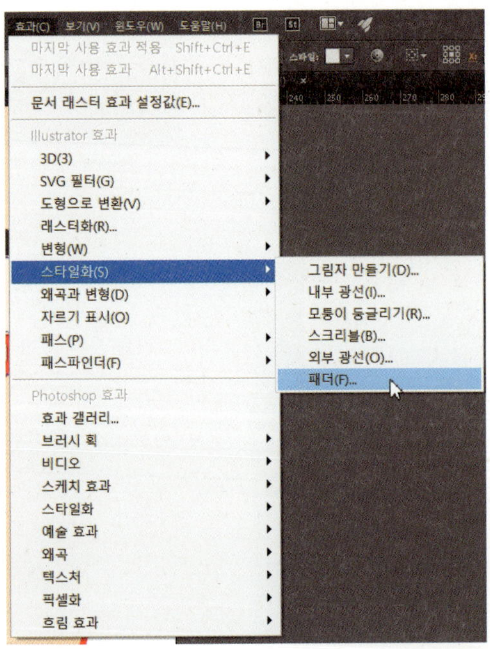

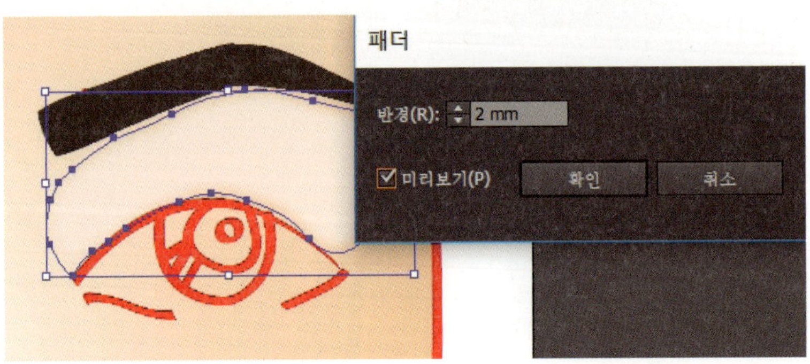

순차적으로 눈썹 산 밑 부분의 하이라이트 컬러와 눈썹 꼬리 부분, 아이라인 부분의 진한 컬러의 아이섀도 부분을 적용한다. 그라디언트 도구를 사용하여 표현해도 좋다. 아이섀도 전체에 투명도를 조정하여 자연스럽게 퍼지도록 보이게 한다.

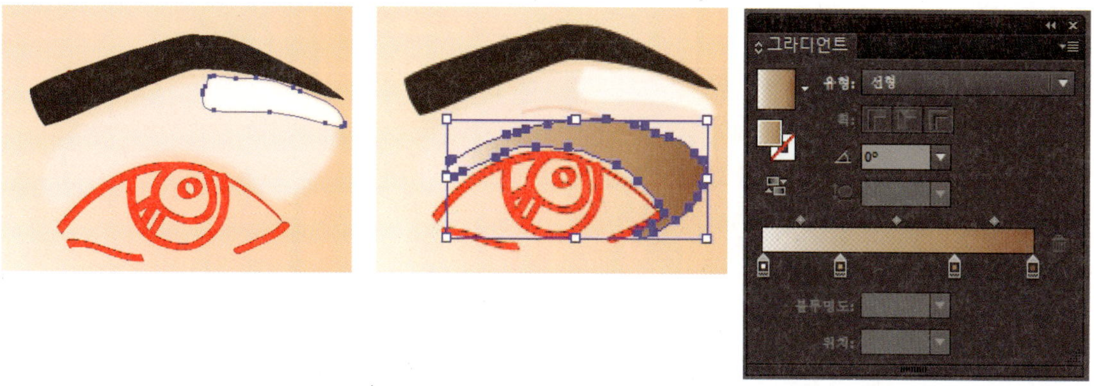

아이라인과 아이래쉬를 표현하여 아이메이크업을 완성한다.

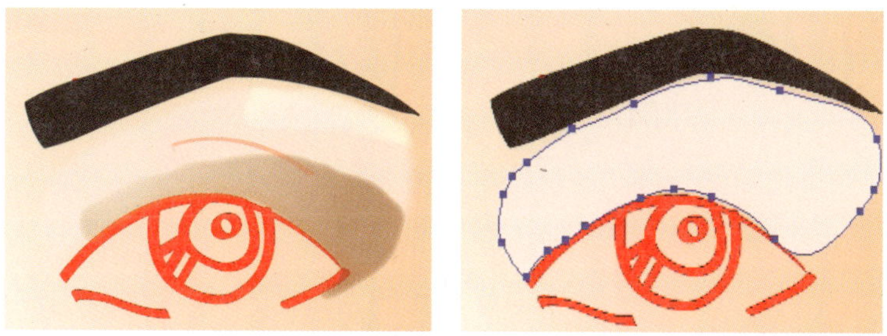

⑪ 립 표현을 위해서는 대칭인 입술을 그리기 위해 가운데의 중심선을 두고 오른쪽 부분의 입술모양을 펜 도구( )로 그린다.

펜 도구를 사용할 때는 커서의 모양을 잘 보아가면서 사용한다. 즉 새로 그림을 그리기 시작할 때 펜 도구의 커서 모양은 펜 옆에 * 표시가 있는 형태( )이며, 고정점을 변환시킬 때의 펜 도구 커서 모양은 펜 옆에 ^ 표시가 있는 형태( )이다. 또한 펜 옆에 + 표시가 있으면 고정점을 추가하게 되고, −표시가 있으면 고정점을 삭제한다. 펜 옆에 ○ 표시가 있으면 닫힌 패스로 만들어 칠을 채울 수 있게 된다.

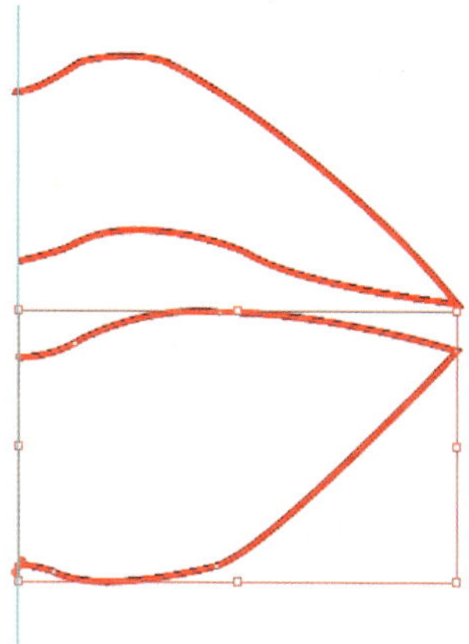

오른쪽 윗 입술 부분을 선택하여 반사 복사한다.

회전 도구 밑에 있는 반사도구()를 클릭하고 세로축을 선택한 후 복사를 클릭한다. 임의의 세로축에 따라 반사되므로, 복사된 오브젝트를 선택하여 입술모양이 될 수 있는 위치에 가져다 놓는다.

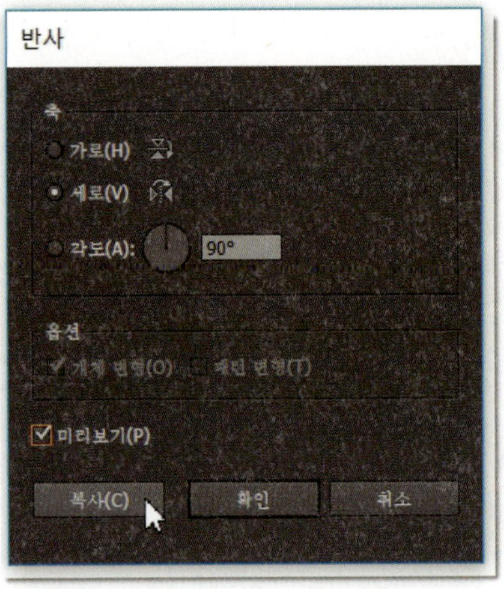

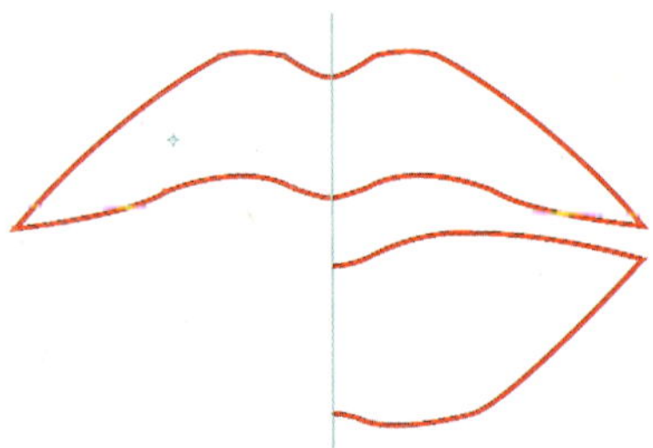

윗입술 양쪽 부분을 shift키로 함께 선택하고, 오른마우스를 눌러 연결시킨다. 아랫입술 부분 역시 (4)에서처럼 반사복사하여 연결시킨다.

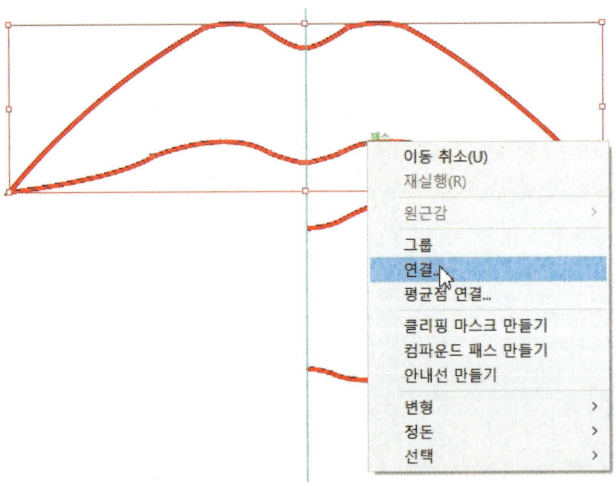

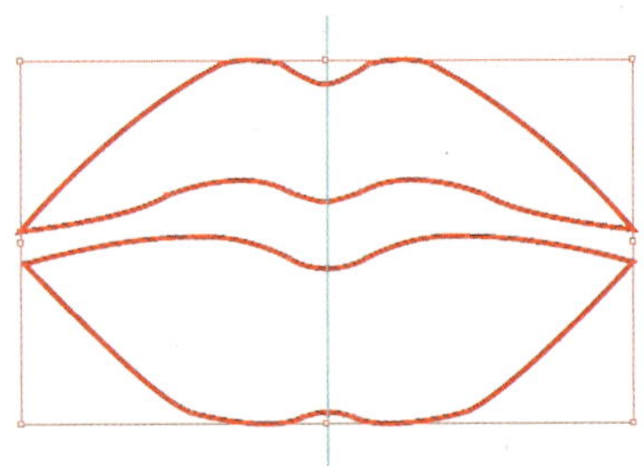

입술 색을 넣는다.

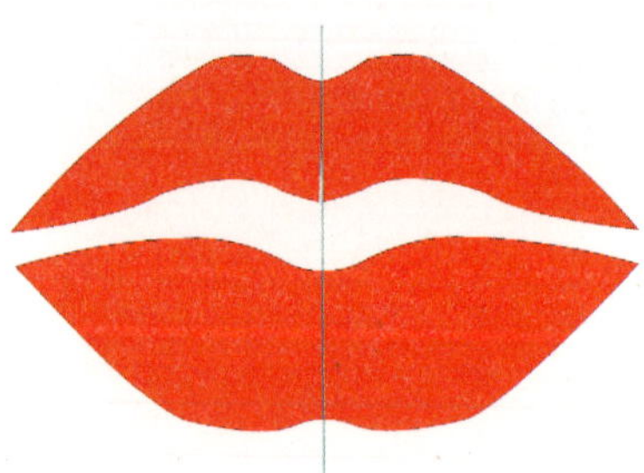

윗입술 부분을 선택하고 오브젝트 > 그라디언트 망 만들기를 클릭한다.

그라디언트 망 대화창에서 적절한 수의 행과 열을 선택하고, 모양은 '가운데로', 강조되는 정도는 미리보기하여 적절한 음영이 이루어지는지 보아가면서 조정한다. 바깥을 클릭한 다음에는 망의 고정점을 직접 선택하여 약간의 수정을 할 수 있다. 다 된 후에는 아랫입술 부분도 마찬가지의 방법으로 음영을 표시한다.

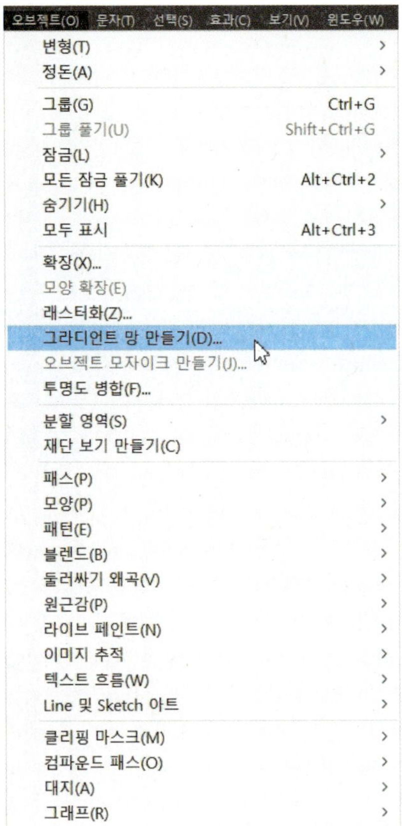

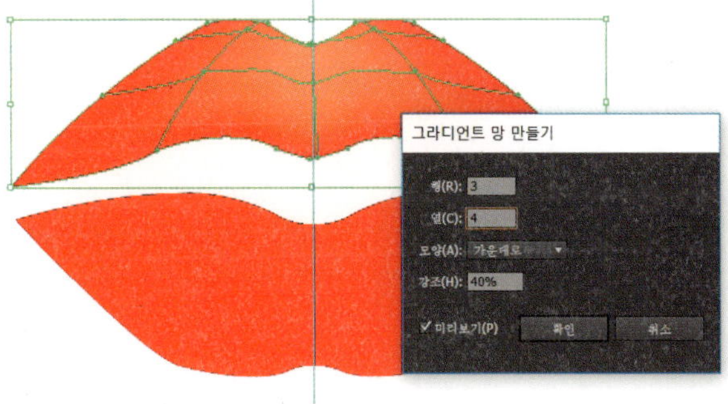

윗입술과 아랫입술 사이의 공간을 조정해서 적당한 입술 모양으로 만든다.

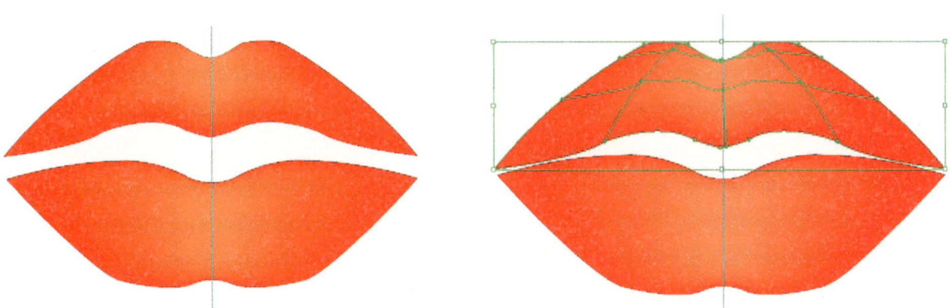

(2) 네일 차트와 네일 디자인 제작

네일 차트와 네일 디자인 제작 방법은 다음과 같다.

① 새 파일을 열고 네일 셰이프에 따라 펜 도구( )로 손가락 형태를 그린 후 손톱 모양을 모양 도구의 사각형 도구( )로 표현한다. 네일 샵에서 자주 사용되는 스퀘어오프 네일 형태를 그리려면, 사각형을 선택( )한 후 각 모서리에 둥근 원모양으로 표시되어 있는 모퉁이 위젯을 사용하여 둥근 사각형으로 표현한다. 이후 직접선택도구로 위의 두 고정점만을 선택하고 모퉁이 위젯으로 더욱 둥글게 표현되도록 한다. 스퀘어 오프 팁을 선택( )하고 적당한 위치에 옮겨 놓고 선 색을 바꾼다. 이와 같은 식으로 다섯 손가락의 스퀘어 오프 손톱 형태를 모두 완성한다.

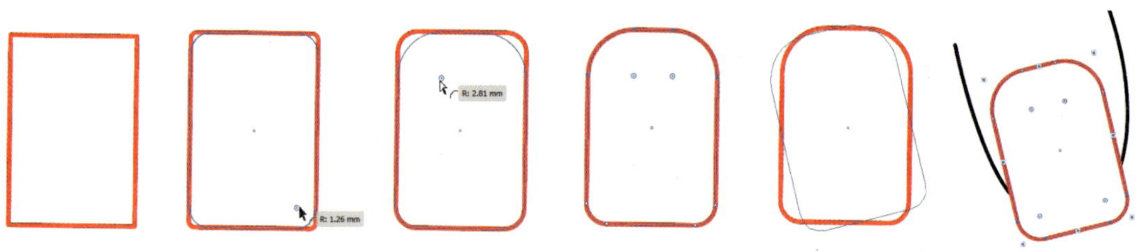

왼쪽 손 전체를 선택( )한 후 반사( )하여 세로축으로 복사한다.

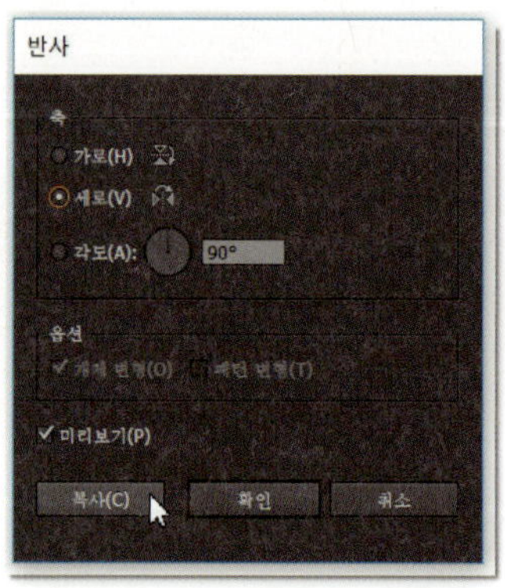

복사된 오른손 부분을 선택하여 적당한 자리로 옮긴다.

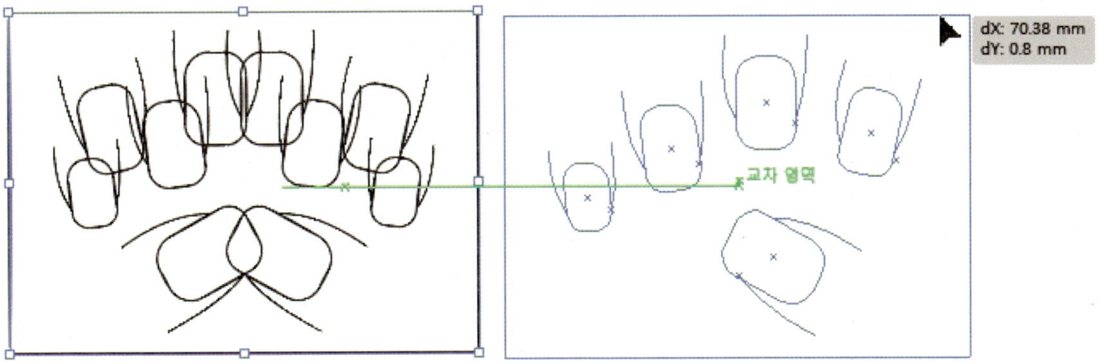

네일 셰이프가 잘 그려지지 않는 경우 크기조절 도구( )를 사용하여 확대한 후 다시 축소한다. 이 때 "사각형 모통이 크기 조절"에 클릭한 후 확대했다 축소해야 원래의 둥근 각도가 유지된다.

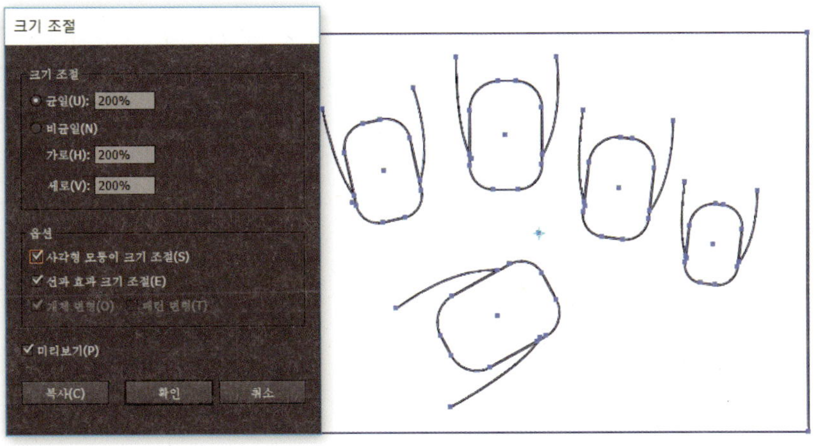

② 각 손톱에 적당한 컬러를 적용한다. 네일 팁 부분을 선택한 상태에서 칠 부분( )을 더블클릭하면 색상 피커 창이 뜨는데, 여기서 원하는 색을 클릭하여 색상을 선택할 수 있다.

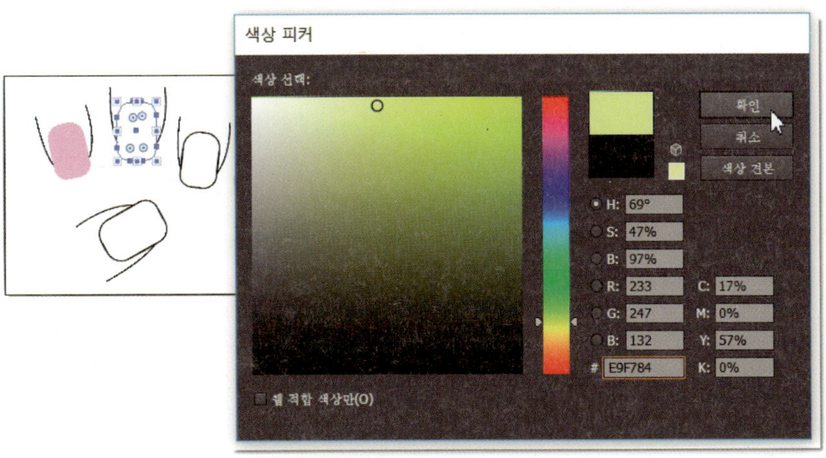

패널에서 견본 창( )을 클릭하여 원하는 색을 선택할 수도 있다.

③ 프렌치 또는 딥 프렌치의 경우 네일 팁 부분을 분할해서 표현하면 된다.

먼저 펜 도구()로 원하는 선을 그린다. 이 때 칠은 없게, 선은 검정으로() 한다.

그린 선과 손톱 부분을 함께 선택하여(Shift 키 사용), 도형구성도구()로 분할한다.

도형구성 도구를 클릭한 상태에서 커서를 옮겨가면, 분할할 수 있는 부분이 빗금으로 표시된다. 이를 클릭하여 두 개의 도형으로 분할한다. 필요 없는 부분은 Alt 키와 함께 클릭하면 없어진다.

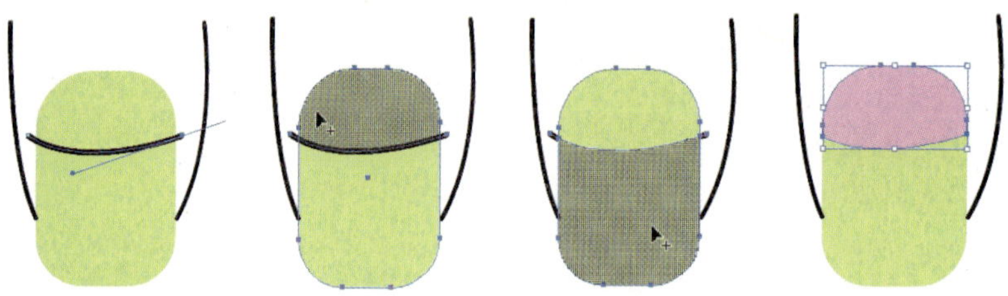

④ 그러데이션을 표현하고 싶은 경우 그라디언트 기능()을 사용한다. 우선 그라디언트 창()을 열고 물감통을 클릭하여 원하는 색과 투명도를 각각 지정한다.

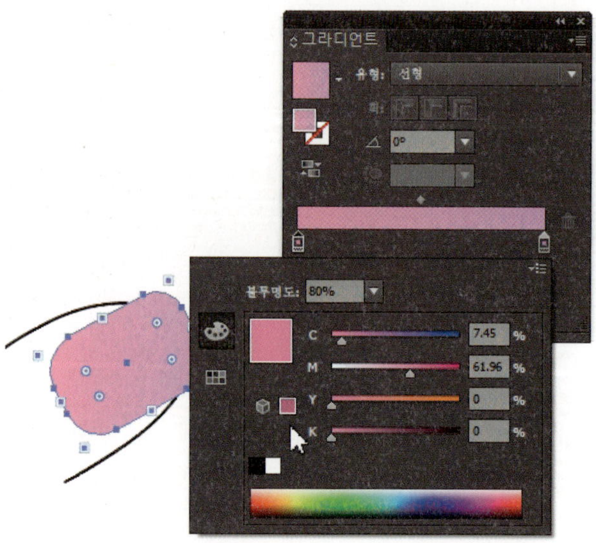

필요한 경우 물감통을 추가하여 색을 넣을 수 있다. 그라디언트 슬라이더에 마우스를 가까이 하면 + 형태가 생기는데 이 때 클릭하여 원하는 만큼의 물감통을 만든다. 물감통의 위치와 축은 클릭하여 옮길 수 있다.

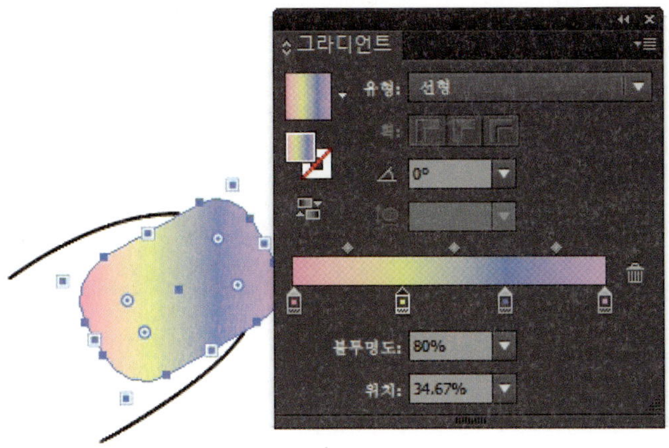

그라디언트 방향을 조정하여 원하는 네일 디자인을 완성한다.

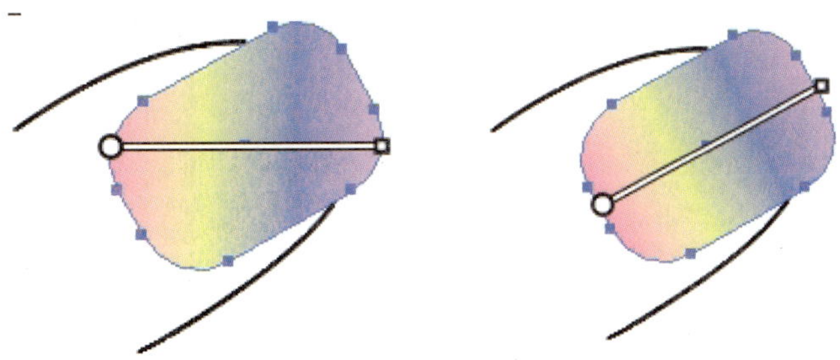

⑤ 패턴을 표현하고자 할 때 우선, 패널에서 견본 창()을 클릭하여 원하는 패턴을 선택할 수 있다.

패턴의 크기는 크기조절 도구로 줄일 수 있다. 크기조절도구 대화창에서 "개체 변형"에 체크하지 않고 "패턴 변형"에 체크한 상태에서 적절한 크기로 줄이면 된다.

견본( ) 창 하단의 견본 라이브러리 메뉴를 클릭하면 다양한 견본을 사용할 수 있다. “패턴>장식>장식용 레거시” 또는 “패턴>장식>본스턴 패턴”에서 적당한 패턴을 클릭하여 적용하면 된다.

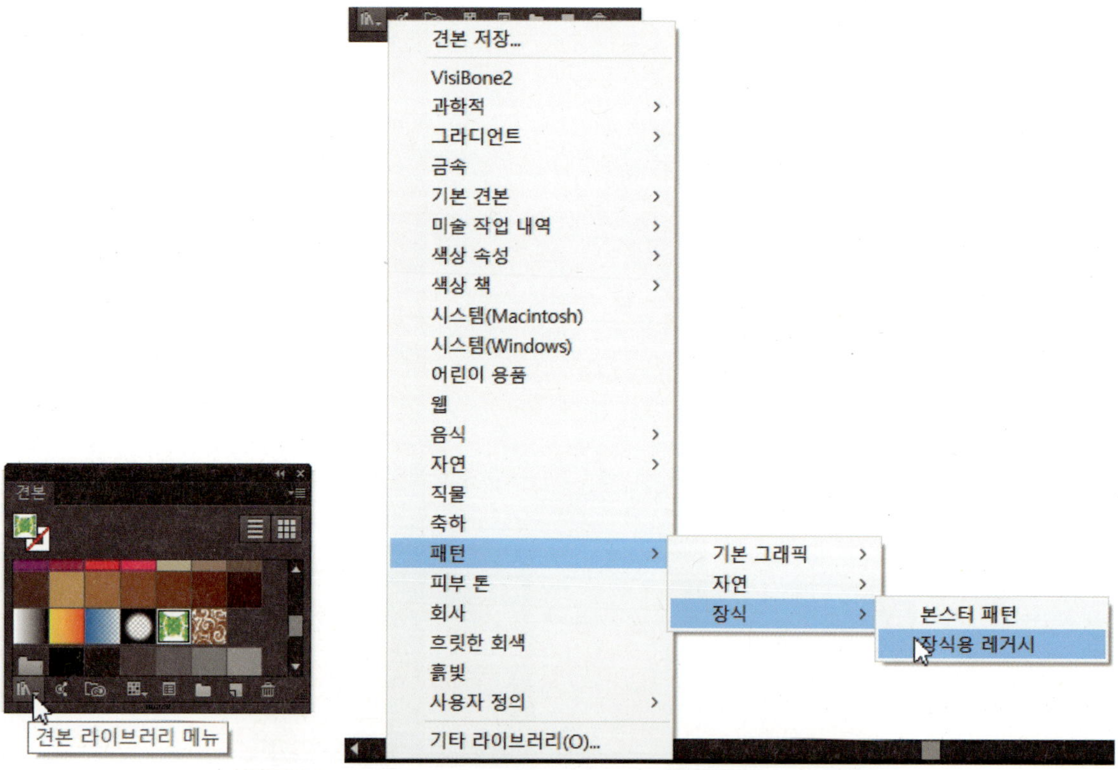

⑥ 도트 패턴이나 스트라이프, 호피, 플라워 패턴 등을 표현하고 싶은 경우 직접 패턴을 만들어서 사용할 수 있다.

먼저 도트 패턴은, 도형 도구 중 원형 도구( )를 사용하여 원을 그린다. Shift 키와 Alt 키를 함께 눌러 원을 그리면 중앙에서부터 퍼지는 동심원을 그릴 수 있다. 원하는 색으로 칠을 정하고, 선은 없게 한다( ).

원을 선택한 상태에서 오브젝트 > 패턴 > 만들기를 한다.

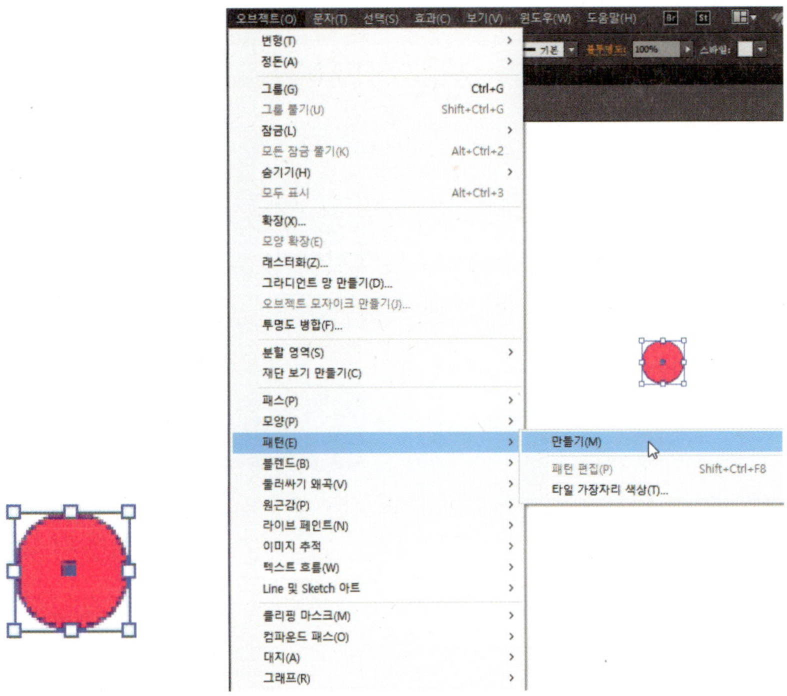

패턴 편집창이 열리면서 새 견본이 추가되었다는 메시지가 뜬다. 또한 패널의 견본 창( )에서도 실제로 도트 패턴이 추가되었음을 확인할 수 있다.

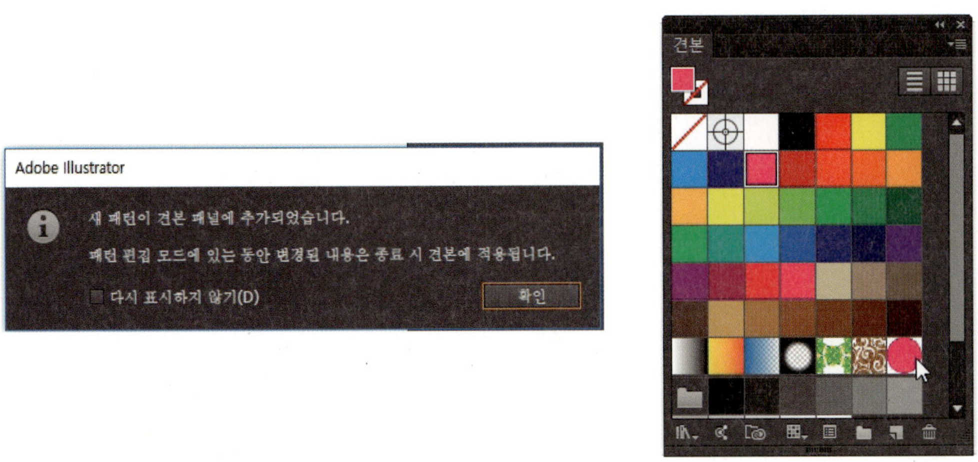

메시지를 확인하면, 패턴 편집 창에 도트 패턴을 중심으로 하는 패턴 모양이 좌우 5개씩 배열된다. "패턴 옵션" 창에서 패턴을 편집할 수 있다.

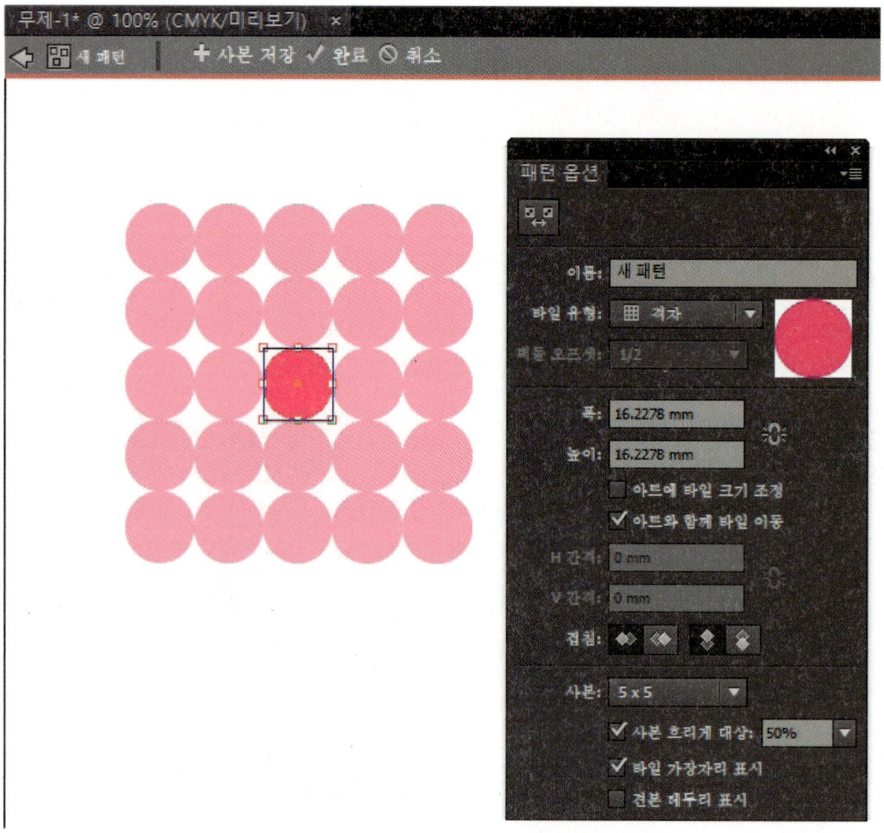

패턴 옵션 상단의 패턴 타일 도구()를 클릭한 후 도트 주변의 파란 선 사각형을 대각선 방향으로 또는 상하로 움직여 도트와 주변 공간을 조절한다.

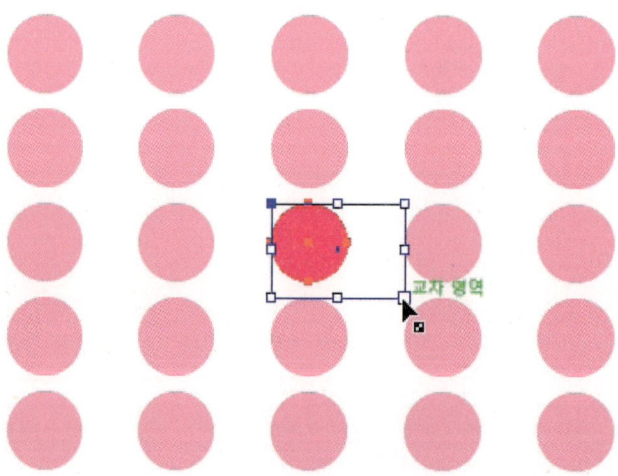

타일 유형을 격자가 아닌 "행으로 벽돌형"이나 "열로 벽돌형"으로 놓아 도트가 사방으로 퍼지도록 한다.

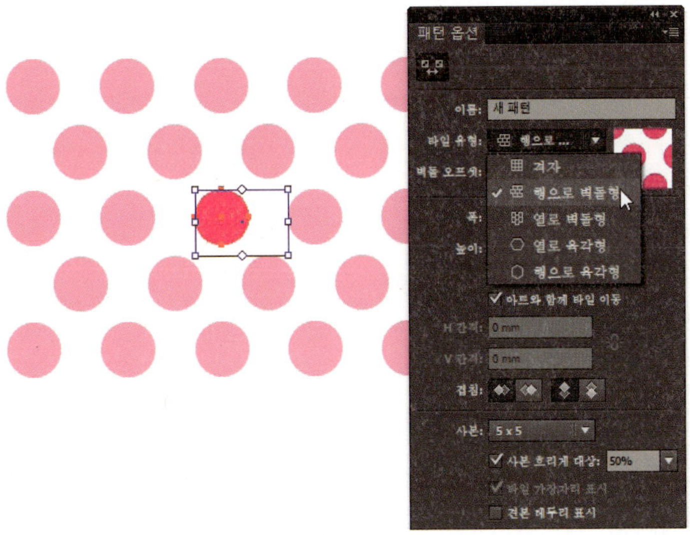

화면 상단의 "완료"를 눌러 패턴 편집 모드를 종료한다. 패널의 견본 창(▦)에 있는 기존의 도트 패턴이 변화된 것을 확인할 수 있다.

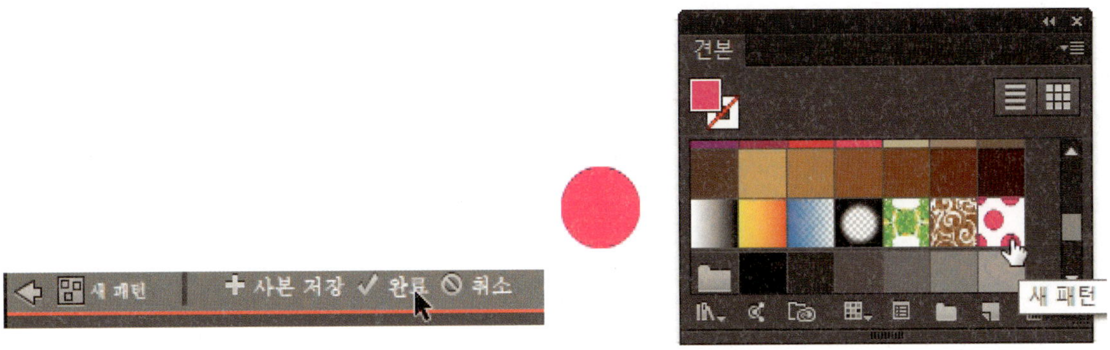

손톱에 적용하기 위해서는, 먼저 네일 차트에서 손톱에 바탕색을 넣는다. 손톱 모양을 복사해서 (Ctrl+C) 앞으로 붙인 뒤(Ctrl+F), 도트 패턴을 적용한다. 도트 패턴이 너무 큰 경우 (5)에서 설명한 바와 마찬가지로 크기조절 도구(▣)에서 "개체 변형"에 클릭하지 않고 "패턴 변형"에 클릭하여 손톱에 맞는 비율로 크기를 조정한다.

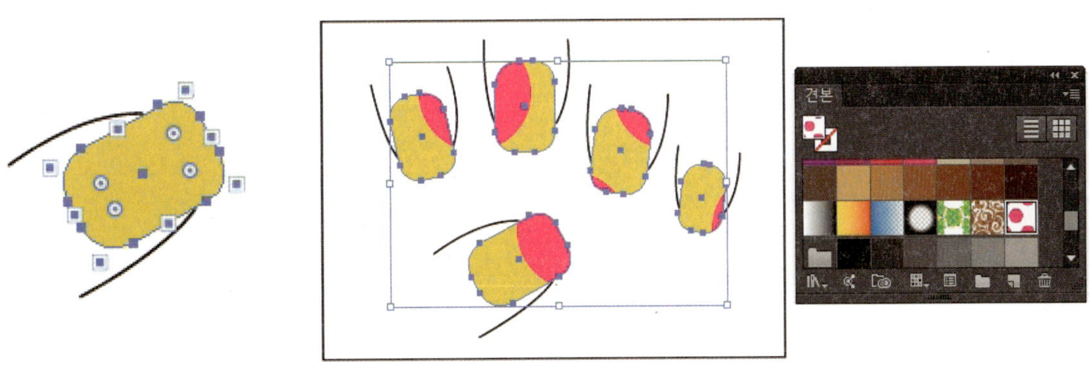

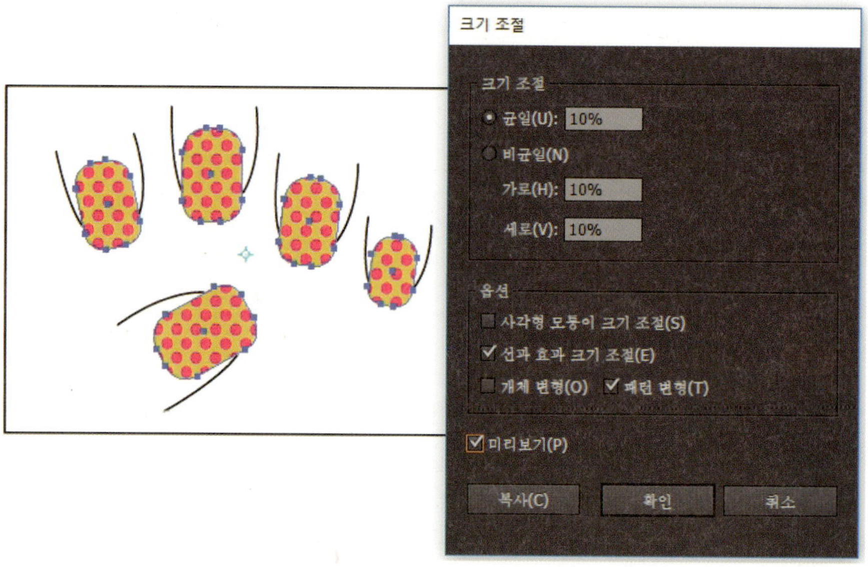

스트라이프의 경우 도형 도구 중 사각형 도구( )를 사용하여 패턴을 만들어서 사용한다. 먼저 사각형을 만든 후 복사하여 바로 아래 붙인다. 두 사각형을 모두 선택하여 오브젝트 > 패턴 > 만들기를 한다.

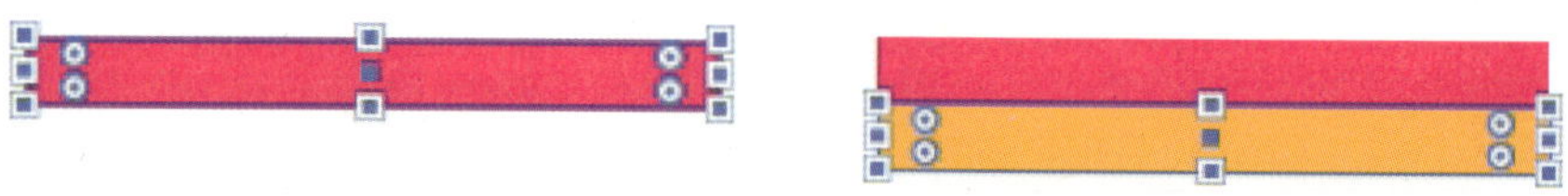

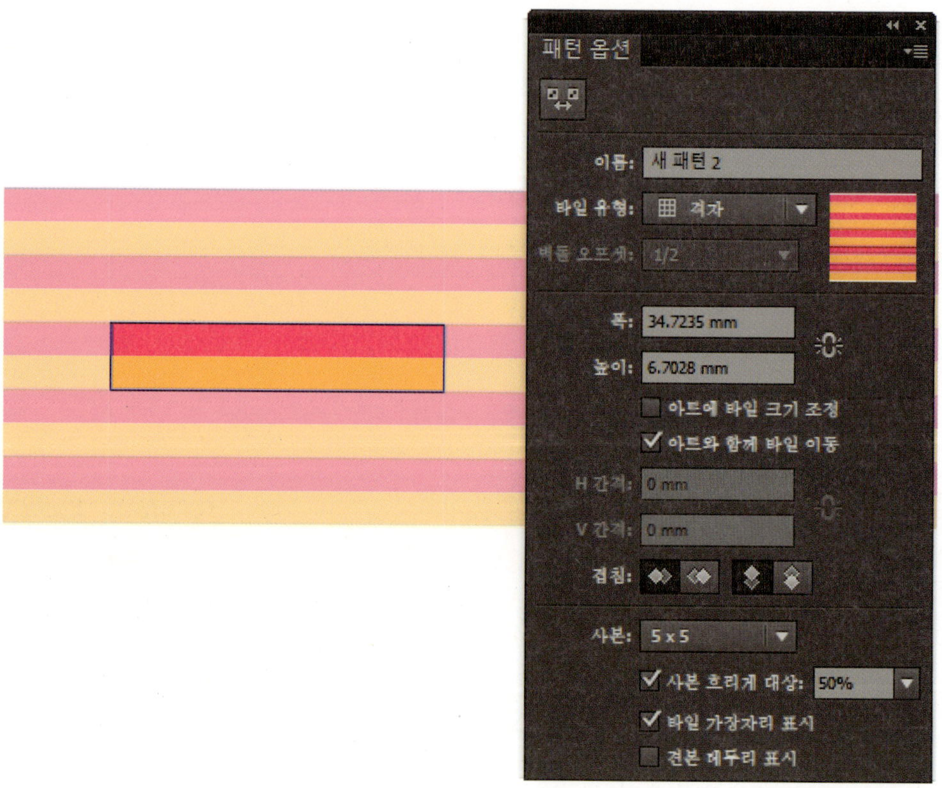

패턴 옵션 창에서 패턴 타일과 타일 유형을 그대로 두고 상단의 “완료” 부분을 클릭하여 패턴 편집 모드를 종료한다. 견본 창에서 새로운 스트라이프 패턴을 확인할 수 있다.

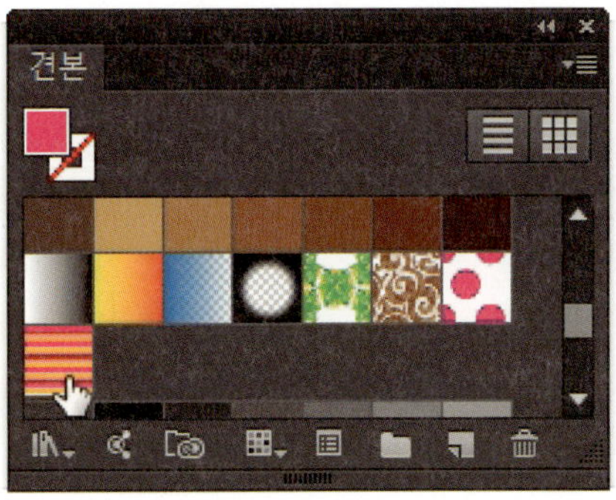

체크 패턴은 스트라이프 패턴을 복사하여 직각으로 교차하게 되면 만들 수 있다. 먼저 견본 창에서 방금 만든 스트라이프 패턴을 더블 클릭하여 다시 패턴 편집 모드로 들어간다. 두 사각형을 복사하여 앞으로 붙인 뒤 직각으로 옮긴다. Shift 키를 눌러가며 옮기면 정확하게 90도로 옮길 수 있다.

투명도를 조정하여 아래의 교차된 선이 보이도록 한다. 투명도는 화면 상단의 “불투명도”에 숫자를 입력하거나 오른쪽 삼각형을 눌러 적당한 정도로 조정할 수 있다. 또는 패널의 투명도 창( )에서도 조정 가능하다.

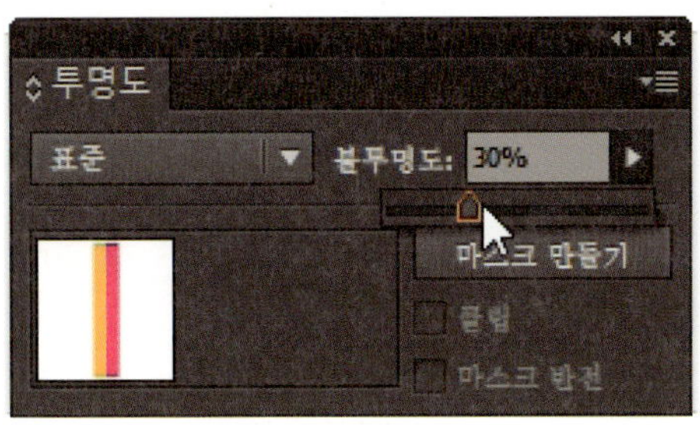

겹치는 부분 외에 막대의 필요 없는 부분을 모두 없앤다. 직접 선택 도구( )로 막대 윗부분의 고정점을 모두 선택한 뒤 내린다. 좌우와 하단의 부분도 모두 없애서 겹치는 부분만 남도록 한다.

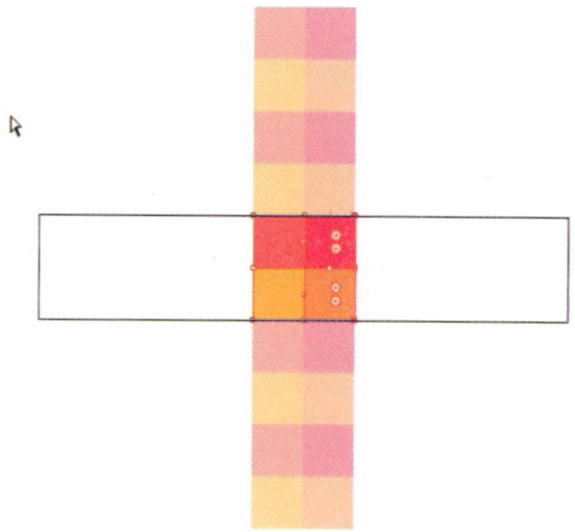

패턴 옵션의 패턴 타일 도구()를 활성화하여 파란색 상자의 크기를 패턴 크기에 맞게 줄인다. 상단의 “완료”를 눌러 패턴 편집 모드를 종료한다. 견본 창에서 기존의 스트라이프 패턴이 체크 패턴으로 바뀌었음을 확인할 수 있다.

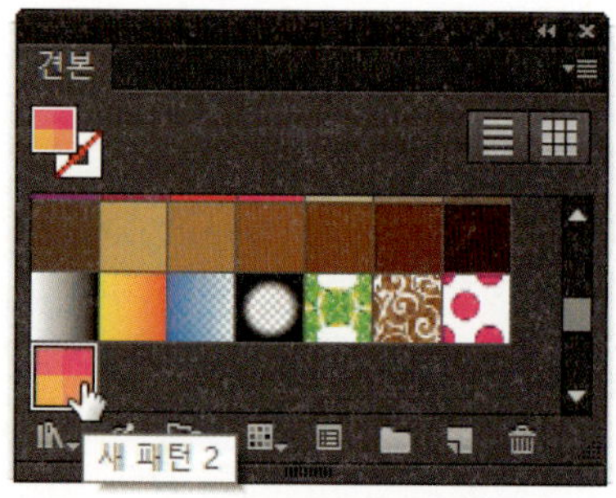

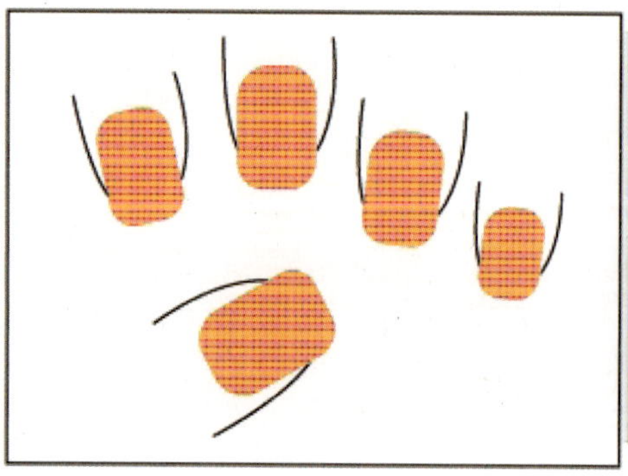

체크 패턴을 손톱에 적용하고 크기와 방향을 조정한다. 크기는 크기조절 도구(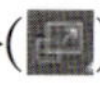)에서, 방향의 조정은 회전 도구(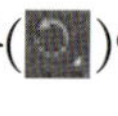)에서 “개체 변형”에 체크하지 않고 “패턴 변형”에만 체크하여 적당한 각도로 조정하면 된다.

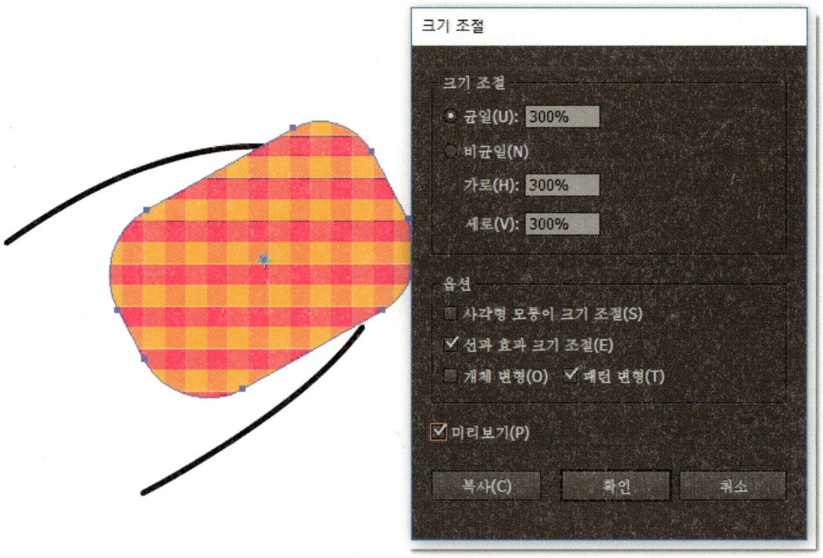

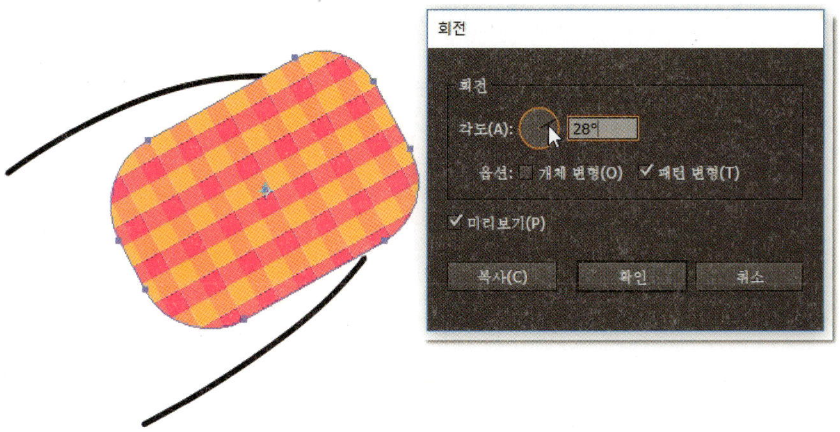

플로럴 패턴은 도트 패턴과 같은 방법으로 만들 수 있다. 특히 포크아트에서 사용되는 것과 같은 큰 꽃무늬의 경우 패턴을 따로 만들 필요 없이 그대로 복사하여 적용하는 것도 가능하다.

먼저 새 파일을 열고 기존에 작업한 플로럴 패턴의 네일이나 꽃무늬 텍스타일의 그림 파일(jpg)을 가져온다. 문서에 포함시킨다.

꽃이 그려져 있는 팁만을 골라 오브젝트>이미지추적>만들기에 클릭하고, 윈도우에서 이미지추적 대화창을 연다.

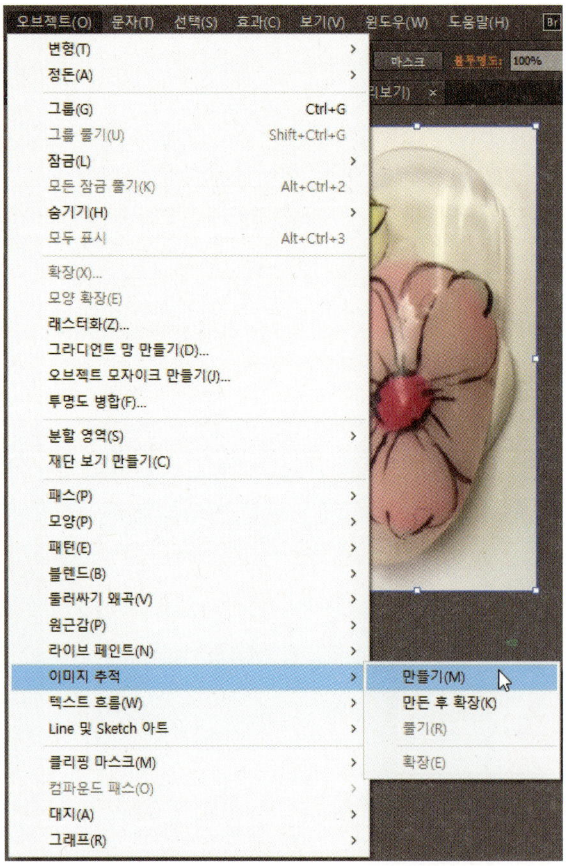

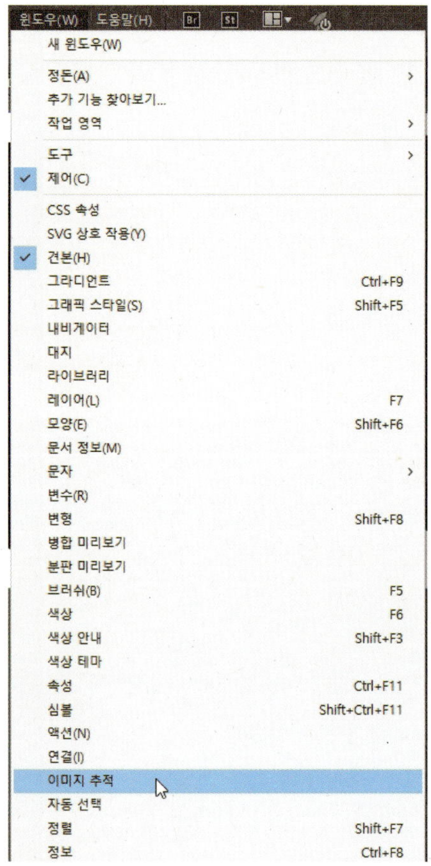

이미지 추적 대화 창에서 설정을 16색상으로 바꾸고 플로럴 패턴의 모양이 적당한지 살펴본다. 화면 상단의 "확장"을 눌러 이미지를 벡터화한다.

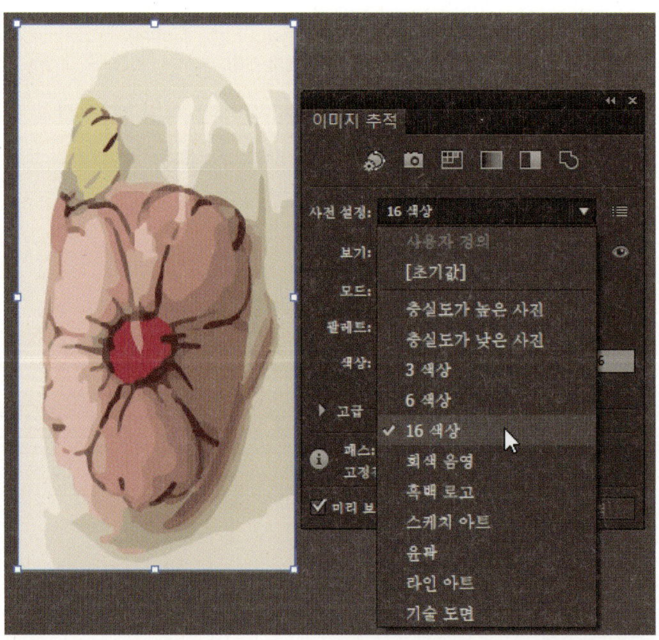

고정점과 패스로 이루어진 이미지는 그룹이 지어진 상태이므로 오른마우스를 눌러 그룹을 풀어준다. 때로는 여러번 그룹을 풀어주어야 할 수도 있다.

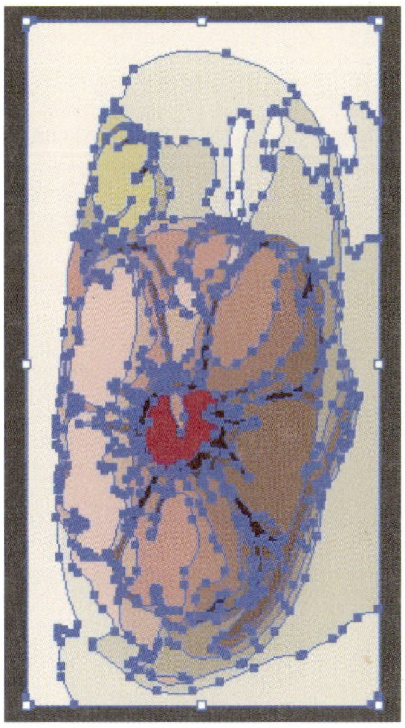

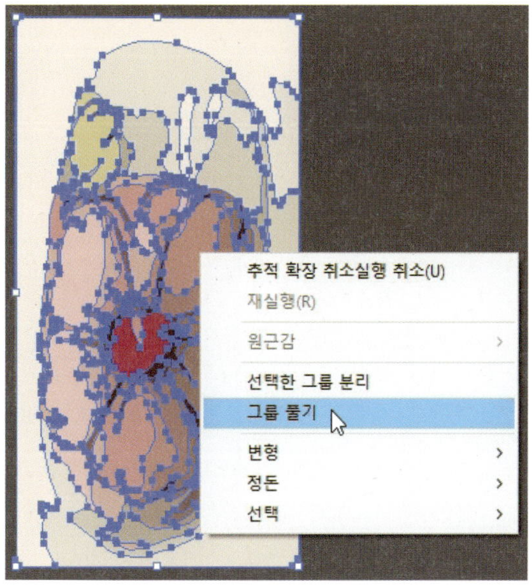

적용하고자 하는 플로럴 모티브 외에 불필요한 부분들을 삭제한다. 각 영역을 선택하고 Delete나 Backspace 키를 눌러 삭제한다. 연필 도구( )와 지우개 도구( ), 스포이드 도구( )를 사용하여 적절히 수정한다.

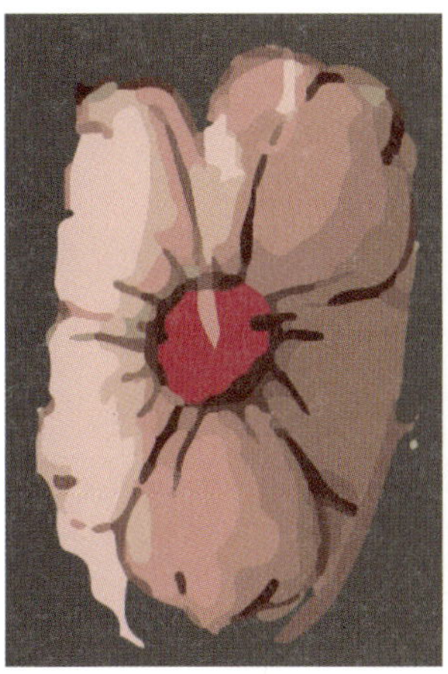

꽃 모티브 전체에 그룹을 지은 뒤(Ctrl+G) 적당한 크기로 줄여 손톱에 적용한다. 손톱 모양을 복사해서 플로럴 모티브 위로 정돈한다.

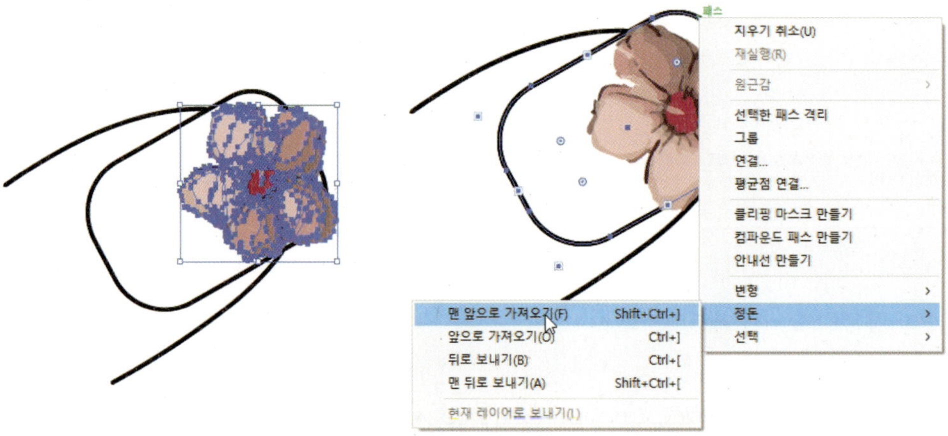

맨 위의 손톱모양과 플라워 모티브를 함께 선택하고 오른마우스를 눌러 클리핑마스크 만들기를 한다. 손톱 부분만의 플라워 패턴이 적용되고 나머지 부분은 보이지 않게 된다.

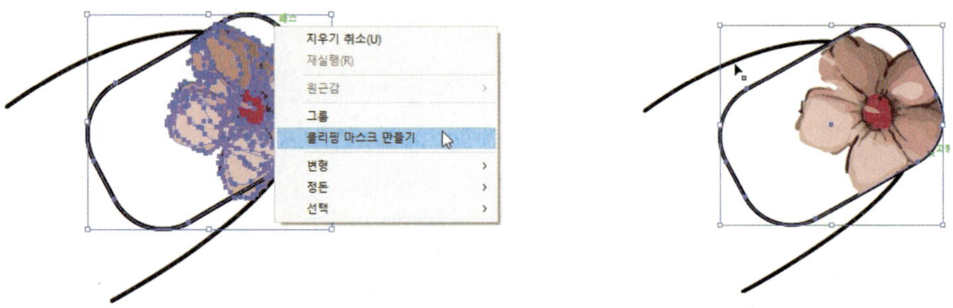

플라워 모티프를 복사하여 다양하게 회전하거나 색을 바꾸고 크기를 조정하고 바탕색을 적용하여 적당한 플라워 패턴의 네일 디자인을 완성한다.

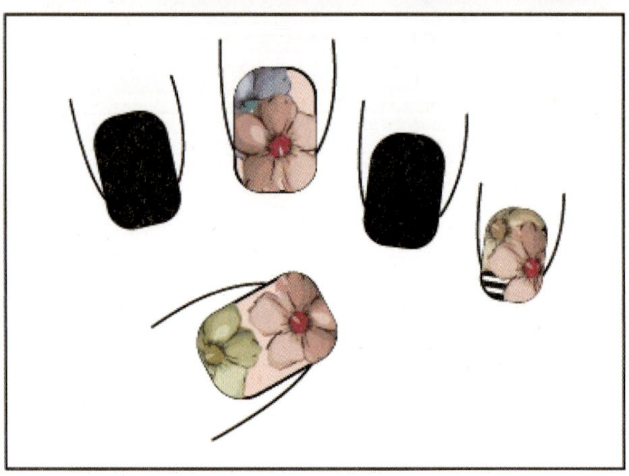

⑦ 네일 제품이나 기존에 사용하던 색을 그대로 적용하고 싶은 경우, 사진을 복사하여 파일로 가져온 뒤 스포이드 도구( )로 칠 색상을 적용한다.

먼저 적용하고자 하는 손톱 부분을 선택한 후, 스포이드 도구로 원하는 색을 클릭한다. 이 때 카메라나 모니터, 촬영 시의 조명, 스포이드 도구를 클릭한 위치에 따라 색은 약간씩의 차이가 있을 수 있다.

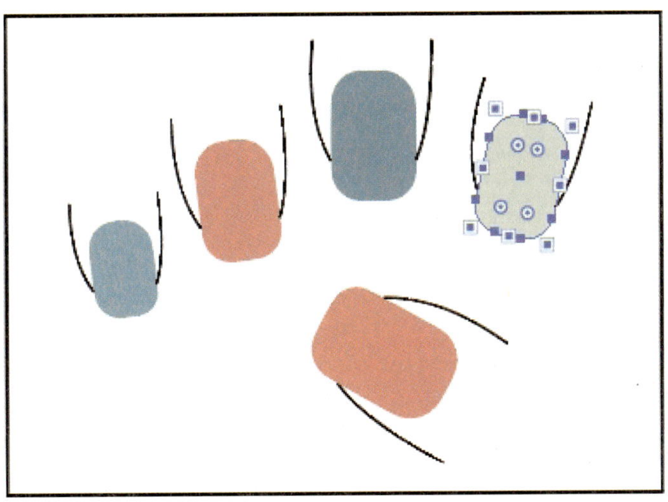

니트 패턴을 표현하고자 할 때에는 인터넷 사이트에서 적절한 이미지를 고르거나 직접 촬영한 사진을 사용한다. 이미지를 복사하여 파일로 가져온 뒤, 리피트되는 부분을 사각형 도구로 선택한다. 사각형은 선과 칠이 없게 한다. 오른 마우스를 눌러 맨 뒤로 오도록 정돈한다.

출처: http://www.dummies.com/crafts/knitting/designs-patterns/how-to-knit-a-braid-cable/

투명 사각형과 니트 이미지를 모두 선택하고 드래그하여 견본 창에 넣는다. 새로운 패턴이 생성된다.

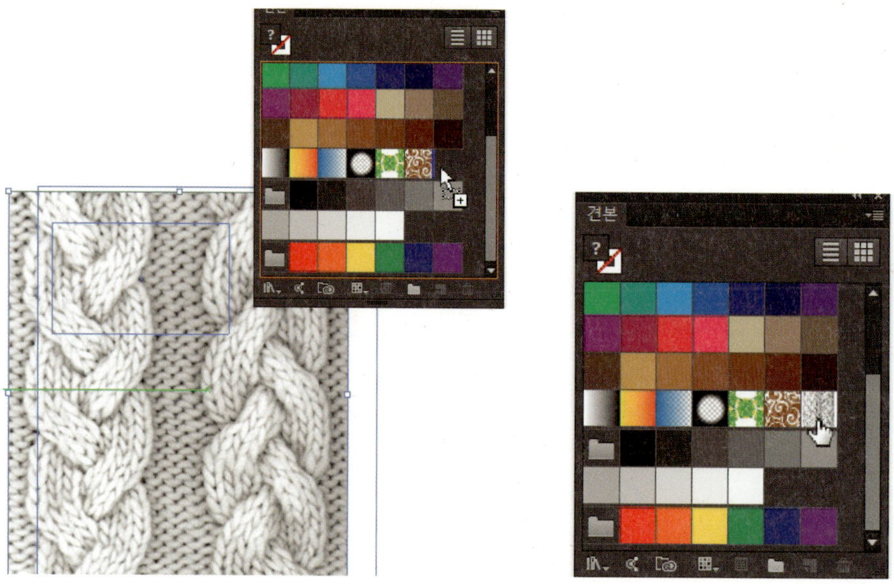

손톱을 선택하여 복사해서 앞으로 붙인다.(Ctrl+C, Ctrl+F) 새 견본을 적용하고 각도와 크기를 조정한다. 이 때 크기조절과 회전 창에서 "개체변형"은 선택이 안 되고 "패턴 변형"만 선택되도록 한다.

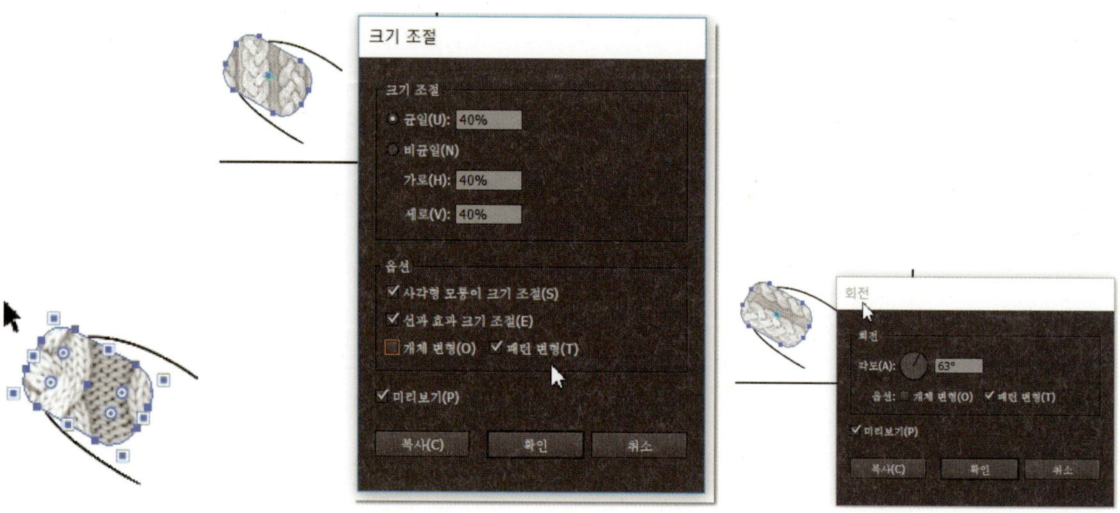

손톱 부분을 선택하여 투명도( )를 조정한다.

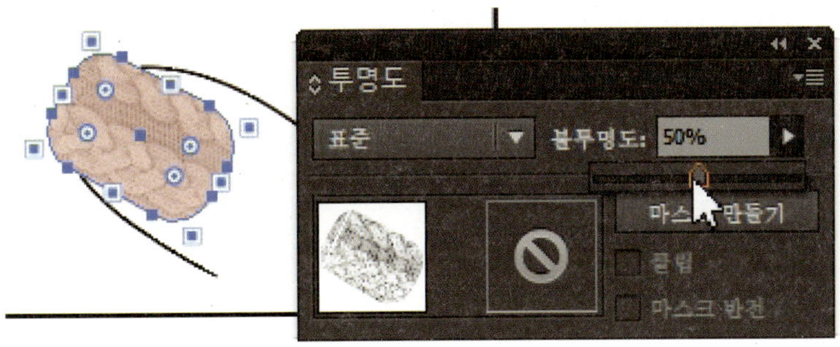

나머지 손톱에도 적용하여 디자인한다.

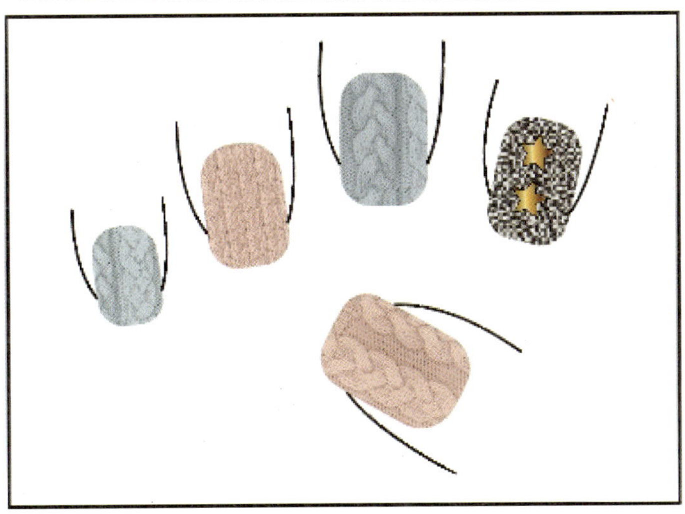

첨부된 네일차트를 사용하여 자유롭게 디자인해 보자.

nail design chart

round shape

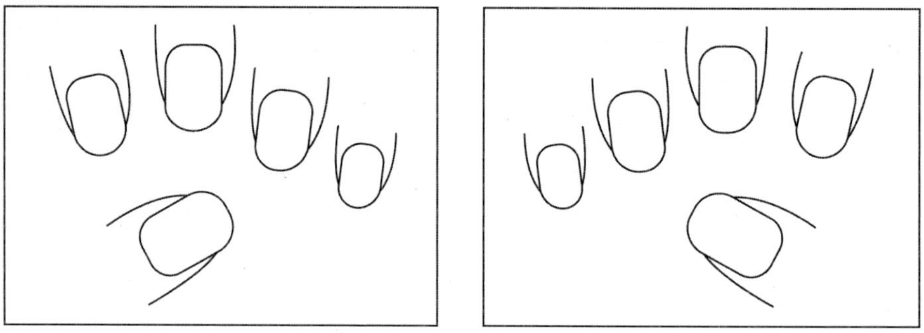

oval shape

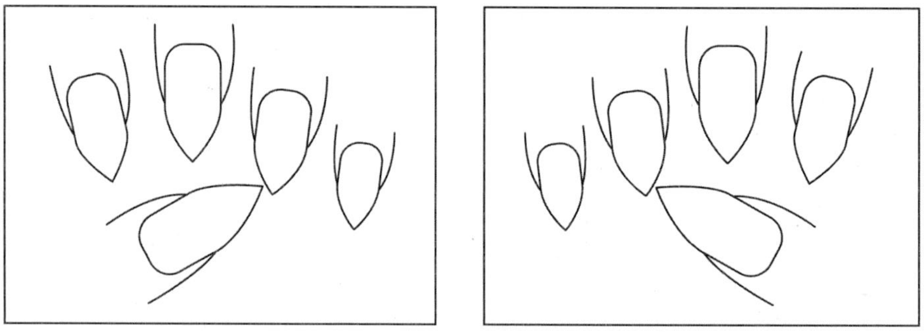

square shape

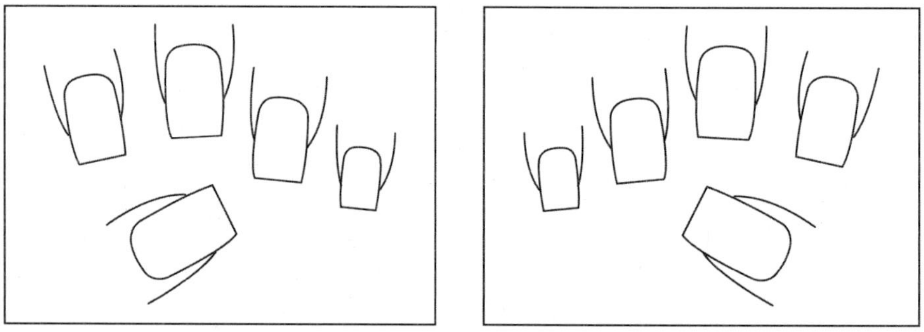

square-off shape

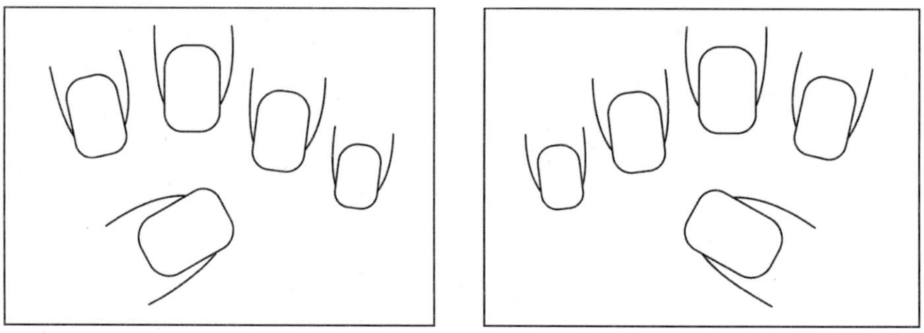

부록

참고문헌

구아과 (2009). 인물중심의 illustration 연구: 유에민준의 작품 중심으로. 배재대학교 대학원 석사학위논문.

박자숙, 최희진, 권씁호, 정은숙, 이상억, 안문경, 신복희, 신산월, 한씁애, 송지현 (2005). 헤어스타일에 의한 total ILLUSTRATION. 서울: 광문각.

박진희 (2009). FASHION ILLUSTRATION. 서울: 경춘사.

안연희 (1999). 현대 미술사전. 서울: 미진사.

양기옥 (2010). 초현실주의 헤어와 헤드 드레스 디자인 연구. 숙명여자대학교 사회교육대학원 석사학위논문.

연문희 (2007). FASHION DRAWING. 서울: 교학연구사.

원주영 (2008). 트렌드 감성을 표현한 패션 일러스트레이션의 연구: 1990년대 이후의 작품을 중심으로. 국민대학교 디자인대학원 석사학위논문.

장정임 (2007). 현대 패션 일러스트레이션의 유희적 표현. 한양대학교 대학원 석사학위논문.

Alain Rustenholz (2000). Maquillage. Paris: Editions du Chene.

Andrew Chang & Julie Lieberman (2000). A Survey of Illustration. 최재은 역. 서울: 디자인하우스.

Carol Strickland (2010). 클릭, 서양미술사-동굴벽화에서 개념미술까지. 김호경 역. 서울: 예경.

Richard Humphreys (2003). 미래주의(현대미술운동총서). 하계훈 역. 서울: 열화당.

Robyn Cosio (2000). THE EYEBROW. NY: Regan Books.